快速改善情绪的6个技巧

［美］马修·麦克凯（Matthew Mckay）

［美］玛撒·戴维斯（Martha Davis）

［美］帕特里克·范宁（Patrick Fanning）◎著

高晶　冯荟旭◎译

Super Simple CBT

6 Skills To Improve Your Mood In Minutes

重庆大学出版社

本书赞誉

本书将成为有焦虑、抑郁和其他情绪问题人群的"超级实用""超级简单"的自助工具书。本书由三位临床专家撰写，对认知行为疗法（CBT）的基本策略和程序进行了简洁、出色的阐述，以改变人们对情绪和生活问题的反应方式。

——里卡多·达勒·格雷夫，医学博士

《青少年饮食失调的认知行为治疗》作者

在本书中，麦克凯和他的同事们巧妙地阐述了认知行为疗法在缓解情绪困扰方面的核心策略。本书以简洁和对话的方式写作，包含实用建议、基于技能的练习和案例，减少了许多认知行为疗法工作手册中的干扰信息和详细解释。如果你是CBT的新手或者需要更清晰的治疗方法，这是一本很好的入门书。

——戴维·A.克拉克，博士

《焦虑想法工作手册》和《负性想法工作手册》的作者

这本超级简单的认知行为疗法书籍是以认知行为疗法的基本观点为基础：想法引起感受，我们可以通过改变想法来改变感受。从这一点出发，作者阐述了某些类型的不良思维，帮助读者识别和应对它们，并提供有用和简单的技巧，如控制焦虑和放松，以帮助巩固新的思维和感觉模式。这本小书不仅介绍了超级简单的认知行为治疗技巧，还介绍了治疗焦虑和抑郁的超级有效的方法。

——格雷戈里斯·西蒙斯，医学博士

希腊马其顿大学精神病理学教授

本书简单易读，重点讲述了关键的认知行为疗法技术。在本书中你将学习如何识别与情绪困扰相关的想法，以及如何发展更平衡和有益的思维模式。你还将学习实用技能，帮助你过上更快乐、更好的生活。这本书有丰富的案例以及有用的练习和策略。这是一本可以改变你一生的书。

——尼娜·约瑟夫维茨，博士

《认知行为疗法让生活变得简单》作者

认知行为治疗帮助你清晰思考、更加积极有效地采取行动。本书就像一本易于阅读的食谱，里面有经过科学验证的方法和练习，可以帮助你克服痛苦，茁壮成长。作者们精彩地展示了如何利用这些方法和练习掌控自己的生活，让自己从焦虑、抑郁、愤怒和其他痛苦的情绪中解脱出来。你会为你这么做而高兴的。

——比尔·克劳斯，教育学博士

《认知行为疗法治疗抑郁手册》《认知行为疗法治疗焦虑手册》《拖延症工作手册》等书的作者

本书是一本超级好的书。作者为那些寻求清晰、易懂和简洁介绍的人编写了这本简单、实用的操作手册。我强烈推荐它。这简直太棒了。

——斯蒂芬·G.霍夫曼，博士

《基于学习过程的疗法》作者

我强烈推荐那些正在与担忧、焦虑或抑郁做斗争的人，以及不知道如何管理情绪的人阅读这本书。作者们完成了一项出色的工作，以一种直截了当、易读性强、对读者友好的方式，展示了一个全面的、基于研究的CBT技能工具箱。

——梅丽莎·罗比肖，博士

《广泛性焦虑障碍手册》《不安手册》作者

如果你正在寻找立即可行的步骤来解决你的焦虑或抑郁，本书是一个很好的开始。作者熟练地将认知行为疗法的有效成分提炼成简单易懂的指南，并附有相关的工作表，鼓励日常练习，而不是让人难以下手。

——杰米·麦克，博士

《青少年担忧工作手册》的作者

目 录

引 言

生活是艰难的。为了应对生活，我们所有人都从父母、家人、朋友、老师、上司和其他人那里习得了做人的智慧和生活的经验。其中有些是有帮助的，有些则没有。这本书为你提供了认知行为疗法（Cognitive Behavioral Therapy，CBT）中有效的工具。它是帮助你应对情绪和生活问题的实践指南。

也许你认为痛苦的感受是由被遗忘的童年经历引起的。也许你认为缓解这些感受的唯一方法是通过长时间的、艰难的精神分析来根除无意识的记忆和联想。

你久远的过去经历和现在的痛苦感受之间有一定的联系，但还有一种更直接、更易获得的情绪来源：你当前的想法。

以下两个简单的观点构成了认知行为疗法的核心要义。

1. 想法引起感受

大多数情绪都是由某种解读性的想法引起的。例如，一个朋友说要打电话却没有打电话。

如果你想的是"毕竟，他不喜欢我"，你可能会感到难过或羞愧。

如果你想的是"他一定是发生事故了"，你可能会感到恐惧和焦虑。

如果你想的是"他对我撒谎了，他根本没有把我当回事儿"，你可能会感到愤怒。

对同一件事的不同想法会引发截然不同的情绪。但在阅读这个例子时，你可能已经注意到了一些事情。这一点可以通过认知行为疗法的第二个核心要义来表达。

2. 你可以通过改变你的想法来改变你的感受

在任何由想法引发情绪困扰的情况下，认知行为工具都可以提供帮助，对于自动化或习惯性思维尤其如此。

在过去的60年里，认知行为疗法研究者和治疗师基于这些观点创造并检验了各种工具。它们实用、易学，还能缓解焦虑和抑郁。

如果在至少6个月内，你都在感到担忧，那么**焦虑**就会成为一个问题。这种感受很难控制，你可能会有下面这些症状：

- 不安

- 疲劳

- 难以集中注意力

- 易怒

- 肌肉紧张

- 睡眠障碍

抑郁指的是你的情绪很低落，对什么事情都提不起兴趣。它可以通过以下方式影响你：

- 食欲变化，导致体重减轻或增加

- 睡眠时间比平常减少或增加

- 感到焦躁不安，同时又很累

- 难以集中注意力或作出决定，尤其是在决定起床做某事时

- 感觉自己没有价值

- 对生活感到绝望

如果抑郁严重到让你考虑自杀，那么只读这本书是不够的。请尽快寻求心理健康专业人士的帮助。

认知行为疗法还有助于解决许多其他问题，包括：

- 造成困扰的愤怒

- 完美主义

- 低自尊

- 羞愧

- 内疚

- 拖延

这本小书教授了认知行为疗法的核心技能和实践方法，你可以尝试使用这些技能和实践方法来改善痛苦情绪。

前3章帮助你识别导致痛苦情绪的3种思维模式：

- 自动化思维

- 限制性思维

- 强烈想法

接下来的3章教你一些练习，你可以用这些练习来摒弃旧的思维和感受模式，并学习新的：

- 放松（对大多数问题都有帮助）

- 控制忧虑（尤其对焦虑有帮助）

• 活动起来（对抑郁症特别有帮助）

———

欢迎使用日记来记录你的认知行为疗法实践。本书提供额外支持的相关材料，请参阅本书末尾的参考文献。

祝贺你踏上了自我发现和自我疗愈的旅程！本书介绍的技巧为你提供了出路，援手即将到来。只要有耐心，稍加努力，你很快就会感觉好起来。

第一章

自动化思维

正如你现在所知道的，想法引起感受。许多情绪都是由一个想法引起的，不管这个想法是多么简短、稍纵即逝或不被注意到的。

这个过程通常被概括为情绪的 ABC 模型，其中 A 代表"激活事件"，B 代表"信念"或"想法"，C 代表"结果"或"感受"：

（A）事件→（B）想法→（C）感受

下面是一个示例：

A. **事件**：你钻进车里，转动钥匙，但车子没有反应。

B. **想法**：你对自己说："哦，不！电池没电了。这太糟糕了！我被困住了，我要迟到了。"

C. **感受**：你体验到一种与你的想法相适应的情感。在这种情况下，你对迟到感到郁闷和焦虑。

但是当你改变了想法，你就改变了感受。

如果你的下一个想法是"肯定是孩子又忘关车灯了"，你可能会感到生气。但如果你想到又可以多喝一杯咖啡放松放松，等拖车来接你，你最多只会感到轻微的恼怒。

自动化思维在你的脑海中出现，是一种被激活事件触发后出现在脑海的习惯性反应，而非出于你的意图。在本章中，你将学习如何识别和揭示这种循环中的自动化思维。然后，你将学会听到你自己无意识的想法，这样你就可以开始在思维日记中记录它们。这是一种非常有效的探索、面质和改变消极思维模式的方法。

反馈回路

事件–想法–感受序列是情感生活的基本组成模块，但是构建模块可能会变得非常混乱和令人困惑。在现实生活中，人们通常不会经历一系列简单的ABC反应，每个反应都有独立的激活事件、想法和由此产生的感受。更常见的情况是，一系列ABC反应结合起来形成一个反馈循环，其中一个序列的结束感受成为另一个序列的开始事件。

在痛苦的感受中，可能会出现负反馈循环。当一种不舒服的感受本身成为一个激活事件时，就会发生这种情况：它成为进一步思考的主题，产生更多痛苦的感受，这成为一个更大的事件，激发更多的消极想法，等等。

感受伴随生理反应。当你经历恐惧、愤怒或喜悦等情绪时，你的心跳会加快，呼吸更快更浅，出汗更多，身体不同部位的血管收缩或扩张。

相反，安静的情绪，如抑郁、忧愁或悲伤，涉及你的一些生理系统的减速。无论哪种方式，情绪和伴随的身体感受都会触发一个评估过程，在这个过程中，你开始试图解释和定义你的感受。

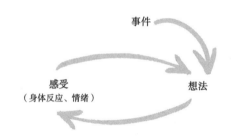

这里有一个反馈循环的例子。

如果你的车在深夜启动不了，而此刻你在危险的街区，负性循环可能会像这样：

A.**事件**：汽车无法启动。

B.**想法**："哦，不!这太可怕了。我要迟到了——这条街很危险。"

C.**感受**：心跳加快，感觉热，出汗，烦躁，焦虑。

B.**想法**："我很害怕。我可能会被抢劫——这真的很糟糕!"

C.**感受**：胃痉挛，呼吸困难，头晕，害怕。

B.**想法**："我要崩溃了。我要失控了。我动不了。这太不安全了。"

C.**感受**：肾上腺素激增，恐慌。

正如你所看到的，这个循环会持续下去，直到你让自己陷入愤怒、焦虑发作或重度抑郁。

自动化思维

你不断地向自己描述这个世界，给每个事件或经历贴上标签。你会下意识对你所看到、听到、触摸到和闻到的一切作出自动化的解释。你判断事件是好是坏，愉快还是痛苦，安全还是危险。这个过程给你所有的经历着色，给它们贴上私人意义的标签。

这些标签和判断来自你与自己无休止的对话，一连串的想法从你的脑海中倾泻而出。这些想法经常出现，很少被注意到，但它们足以让你产生最强烈的情绪。

自动化思维通常有以下特点，我们将详细讨论。

- 凭直觉

- 被认为是真的

- 是自发产生的

- 是"应该""就该"或"必须"

- 倾向于往坏处想

- 是异质的

- 是持久和自我延续的

- 与当事人的公开声明不同

- 重复某些主题

- 是习得的

凭直觉

自动化思维通常凭直觉产生，由几个基本的单词组成，以电报式语言来表达："孤独……生病……无法忍受……癌症……不会好。"一个词或一个短语可以作为一组痛苦记忆、恐惧或自责的标签。

自动化思维根本不需要用语言表达。它可以是一个简短的视觉图像，一种想象的声音或气味，或一种身体感觉。一个有恐高症的人一瞥到地板倾斜的画面，就会感觉自己正向窗外摔落。每当他爬到三楼以上，这种短暂的幻想就会引起强烈的焦虑。

有时，自动化思维是对过去事件的短暂重建。例如，一个抑郁的人经常看到梅西百货的楼梯，那是她丈夫第一次告诉她要离开她的地方。楼梯的画面足以激发出所有与失去亲人相关的感受。

有时，自动化思维会以直觉的形式出现，没有文字、图像或感觉印象。例如，一位饱受自我怀疑困扰的厨师就认为想要晋升为主厨是不可能的。

被认为是真的

自动化思维通常被认为非常可信，无论它们经过分析后显得多么不合逻辑。例如，一个男人对他最好朋友的死感到愤怒，他一度认为朋友的死亡是为了故意惩罚自己。

自动化思维与直接的感官体验具有同样的可信度。你把同样的真实性附加到自动化思维上，就像你附加到现实世界中的景象和声音上一样。如果你看到谁开着保时捷，心里想的是"他们很有钱。他们不关心任何人，只关心他们自己"。这种判断对于你来说，就像判断汽车的颜色一样真实。

是自发产生的

你相信自动化思维，因为它们是自动生成的。它们似乎是从正在发生的事件中自发产生的。它们就突然出现在你的脑海中，你几乎没有注意到它们，更不用说对它们进行理性分析了。

是"应该""就该"或"必须"

一个女人的丈夫刚去世不久，她想："我应该选择独自承担，我不应该给朋友增加负担。"每当这个想法突然出现在她的脑海里，她就感到一阵绝望。人们用"应该"来折磨自己，比如"我应该快乐，应该更有活力，应该更有创造力，应该更有责任感，应该更有爱心，应该更慷慨……"，每一个"应该"都可能让人产生负罪感或丧失自尊。

"应该"很难根除，因为它们的源头和功能是具有一定的适应性的。它们是简单的生活规则，曾在过去发挥作用。它们是生存的模板，你可以在压力大的时候快速获取。问题是，它们变得如此自动化，以至于你没有时间去分析它们，而且如此僵化，以至于你无法修改它们以适应不断变化的情况。

倾向于往坏处想

自动化思维预测灾难，看到一切危险，总是做最坏的打算。感觉到胃痛会想到这可能是癌症的症状，看到爱人脸上心烦意乱的表情就会认为爱人将不告而别。这些灾难性的想法是焦虑的主要来源。

和"应该"一样，由于它们的适应性功能，它们也很难被根除。它们帮助你预测未来，为最坏的情况做准备。

是异质的

这里有一个例子，说明不同的人对同一事件的反应是如何产生不同的自动化思维的。在一个拥挤的剧院里，一个女人突然站起来，扇了旁边男人一巴掌，然后匆匆走过过道，走出出口。

一位目睹这一事件的妇女吓坏了，因为她想："等他们回家后，那个女人一定会被打。"她想象着那个女人被毒打的细节，回忆起自己遭受虐待的经历。

一个青少年很生气，因为他想："那个可怜的男人。他可能只是想要一个吻，而她羞辱了他。她真是一只母老虎。"

一位中年男子想到了前妻怒气冲冲的脸庞，对自己说："现在他失去了她，她再也不回来了。"他感到很沮丧。

一名社会工作者感到一种正义的快乐，因为他想的是："那个男人活该。我真希望我认识的那些胆小的女人能看到这一幕。"

每一种反应都是基于每个人独特的看待激活事件的方式，并激发不同的强烈情绪。

是持久和自我延续的

自动化思维很难停止或改变，因为它们是反射性的、貌似合理的。它们在你的内在对话中不经意地连续起来，好像随自己的意愿来去。一个自动化思维往往会成为另一个想法的线索，然后是另一个，再一个。你可能经历过这种连锁效应，一个沮丧的想法引发了一连串相关的沮丧想法。

与当事人的公开声明不同

大多数人对别人说话的方式与对自己对话的方式大不相同。对别人说话，他们通常用因果关系的逻辑顺序来描述生活中的事件。但对他们自己说话，他们可能会用恶意的自嘲或可怕的预测来描述同样的事件。

一位高管平静地大声解释道："自从被解雇后，我一直有点沮丧。"这种客观的陈述和失业在她心中引起的实际想法截然不同。她的实际想法是："我是个失败者。我再也找不到工作了。我的家人会饿死的。我不能再在这个世界上获得成功了。"这些想法让她感到坠入无底深渊。

重复某些主题

长期的愤怒、焦虑或抑郁源于专注于一组特定的自动化思维，而排斥所有相反的思维。焦虑的人聚焦于危险。你可能全神贯注于对危险情况的预测，满眼看到的都是未来的威胁或痛苦。抑郁的人经常专注于过去，对失去的情境感到困扰。你也可能专注于自己的失败和缺点。长期愤怒的人脑海中会自动重复那些像是故意伤害他人的行为。

专注于这些主题会造成一种狭窄的视野，在这种视野中，你只会有一种想法，只会注意到环境的一个方面，从而产生一种主导的，通常是相当痛苦的情绪。艾伦·贝克用术语"断章取义"来描述这种类型的局限视野，在这种情况下，你只看到环境中的一组线索，而排除了所有其他线索。

是习得的

从小，人们就告诉你该怎么想。你已经被家人、朋友、老师、媒体和其他人所制约，以特定的方式解释事件。多年来，你已经学会并实践着这些习惯化的自动化思维模式，这些模式难以察觉，更不用说改变了，这是坏消息。好消息是，习得的可以被抛弃，也可以被改变。

倾听这些想法

倾听你的自动化思维是控制不愉快情绪的第一步。你的大部分内心对话都是无害的，造成伤害的自动化思维是可以识别的，因为它们的出现几乎总是跟随持续的痛苦感受。

为了识别引起持续痛苦感受的自动化思维，试着回忆你在情绪开始之前的想法和那些伴随持续情绪的想法。你可以把这个过程想象成在对讲机上监听。对讲机总是开着的，即使你在和别人交谈和谈论你的生活。你在这个世界上做事，同时也在和自己说话。

倾听你内心的对话，听听你在告诉自己什么。你的自动化思维会给许多外部事件和内在感受赋予私人的、特殊的意义，并对你的经历作出判断和解释。

自动化思维往往是闪电般的快，很难捕捉。它们以一种简洁的形象闪现在脑海中，或者用一个词传达出来。这里有两种方法来应对这些快速的想法。

1. 重构一个问题情境

在你的想象中一遍又一遍地重复它，直到痛苦的情绪开始浮现。当这种情绪出现时，你在想什么？把你的想法看成是一部慢动作电影，一帧一帧地看你内心的对话。你会发现，说"我受不了了"只需要几毫秒的时间，或者想到一件可怕的事情只需要半秒的时间。你会发现，你内心是如何描述和解释别人的行为的："她很无聊。""他在贬低我。"

2. 将简略的说法扩展

将简略的说法扩展开来，找到它的原始语句。"感觉不舒服"可能代表"我感觉不舒服，我知道我会变得更糟。我受不了了"。"疯了"的意思可能是"我觉得我正在失去控制，这一定意味着我要疯了。我的朋友会拒绝我的"。光听简略的说法是不够的，有必要找出你的整个内在论点，以便理解扭曲的逻辑，许多痛苦的情绪正是由此而生。

记录你的想法

为了领会你的自动化思维的力量和它们在你的情感生活中所扮演的角色，你可以选择一种方式来保存自己的"思想日志"。

在你经历了不愉快的感觉后，尽快把它记录下来。然后用0—100分评估你的痛苦程度，其中0表示这种感觉没有造成痛苦，100表示你所感受到的最痛苦的情绪。

随身携带你的"思想日志"至少一个星期，只有当你感到痛苦的情绪时才记下来。你可能会发现，在一段时间内，专注于你的自动化思维会让你的感觉更糟。继续努力——在感觉好起来之前感觉更糟是正常的。

表1 思想日志

情境 在何时？何地？和谁？ 当时发生了什么？	感受 用0—100分评估你的 痛苦程度	自动化思维 在这种不愉快的感受 产生之前和过程中， 你在想什么？

计数想法

有时自动化思维来得如此之快，以至于你无法识别它们，即使你知道你刚刚有一些。在这种情况下，你可以简单地计算你的想法出现的次数。随身携带一张索引卡，每当你发现自己有了一个自动化思维时，就在卡片上做个记号。你也可以在腕部计数器或针数计数器上记录你自动化思维的次数。

计数你的自动化思维会帮助你与它们保持一定的距离，

获得一种控制感。不要假设你的自动化思维是对事件的准确评估，你可以记下它们并让它们离开。一旦记录下一个想法，你就不需要再纠结了。

这个过程最终会减慢你的思维速度，提高你的注意力，这样思想的内容就会变得清晰起来。当这种情况发生时，你可能想要继续计数，但也要开始分类你的想法，并计算你有多少不同类型的想法：灾难性的想法，关于丧失的想法，不安全的想法等。

如果你忘记计数你的想法，设置你的手机或手表闹钟，或计时器每二十分钟响一次。当闹钟响起时，停下你正在做的事情，审视自己的内心，数一数你注意到的消极想法。

⌣

发现自动化思维的过程可能会让你开始对这些想法表示怀疑，并在它们出现时开始质疑和争辩。

在这一点上，重要的是你要认识到想法会创造和维持情绪。为了减少痛苦情绪出现的频率，你需要倾听自己的想法，然后问自己的想法有多真实。记住，你的想法最终创造了你的感受。

第二章

限制性思维

有个人走到药店柜台，要买某种牌子的牙线。店员说已经售空了。这个人得出结论，店员有牙线，只是不想卖给他，因为她不喜欢他的长相。这种逻辑显然是非理性和偏执的。

让我们来分析这样一个例子：丈夫带着愁容回家，他的妻子立刻得出结论，他生气是因为她前一天晚上太累了，拒绝和他亲热。她预感自己会因为丈夫的报复受到伤害，因此迅速作出反应，变得暴躁和充满防御。这个逻辑对她来说是完全合理的，直到她得知丈夫在回家的路上发生了轻微的车祸，她才质疑自己刚才的结论。

她使用的逻辑过程是这样的：

1.我丈夫看起来不开心；
2.当我让我丈夫失望时，他经常生气；
3.因此，他生气是因为我让他失望。

这种逻辑的问题在于，她认为丈夫的情绪总是与她有关，她是他情绪起伏的主要原因。这种限制性思维模式，被称为个人化，是一种将你周围的所有事物都与自己联系起来的倾向。个人化限制了你，导致了痛苦，因为你总是误解你所看到的情况，又根据这种误解采取行动。

本章将阐释8种限制性思维模式，并教你如何识别它们。然后，它会教你分析你的"思想日志"中的自动化思维，并找出你在困难情况下习惯性使用的限制性思维模式。你将学习如何撰写新的平衡的自我陈述，这将比你痛苦的自动化思维更可信，以及如何根据你新的、平衡的想法开始制订行动计划。

为了改变限制性思维模式，认识和识别它们是很有帮助的，所以我们将从阐释一些最常见的类型开始。本章剩下的部分将致力于解释如何使用你的"思想日志"来识别你倾向于使用的模式，并发展更平衡的想法来对抗它们。

识别8种模式

以下是8种最常见的限制性思维模式。分开研究它们是有帮助的，一次一个。然而，在你正在进行的意识流中，这些模式经常以快速的连续、重叠和相互融合的方式发生。

过滤

过滤的特点是狭窄的视野：只看事件的一个角度，而排斥其他一切。单个细节成为焦点，整个事件或情况都被这个细节所影响。例如，一个对批评感到不舒服的计算机绘图员因其高质量的绘图而受到表扬，并被要求更快地完成下一个工作。他沮丧地回家了，认为老板以为他在磨洋工。他把赞扬过滤掉，只集中在批评上。

每个人都有自己独特的视角。抑郁的人对丧失过于敏感，对获得视而不见。对于焦虑的人来说，最轻微的危险也像是巨大威胁，即使现场可能是安全的。长期愤怒的人会形成局限视野，更聚焦于不公正的证据，而屏蔽掉公平和公正。

记忆也是有选择性的。你可能只记得你整个人生中的某些事件。当你过滤你的记忆时，你经常会忽略积极的经历，而停留在那些让你生气、焦虑或沮丧的记忆中。

过滤会让你的想法变得糟糕，让你只关注负面事件，专注于它们，而忽略了那些好的经历。你的恐惧、失落和愤怒变得过于重要，因为它们占据了你的意识，把其他一切都排除在外。过滤模式的关键词是"恐怖的""糟糕的""令人恶心的""吓人的"等，关键句是"我受不了了"。

两极化思维

两极化思维有时被称为非黑即白思维。在这种限制性思维模式中，不允许有任何灰色地带。你坚持非此即彼的选择，对每件事都持极端看法，几乎没有中间立场的余地。人和事有好有坏，有美妙有可怕，有愉快有不堪。由于你的解释是极端的，因此你的情绪反应也是极端的，从绝望到高兴，到愤怒，到狂喜，再到恐惧。

两极化思维的最大危险在于它会影响你对自己的判断。你可能会认为，如果你不完美或不聪明，那么你一定是个失败者或低能儿，没有犯错或平庸的余地。例如，一名出租车司机告诉自己，当他走错了高速公路出口，不得不把车开到两英里以外的地方时，他就是个真正的失败者。一个错误就意味着他无能，毫无价值。

同样，一位带着三个孩子的单身母亲决定要成为坚强和负责的人。一旦她感到疲倦或紧张，她就会觉得自己很虚弱，快要崩溃了。她经常在和朋友聊天时批评自己。

过度概括

在过度概括中，你根据单一事件或证据得出广泛的结论。一针落下，你就得出这样的结论："我永远也学不会编织了。"

你将舞会上的拒绝解释为"没人愿意和我跳舞"。这种模式会导致你的生活越来越受限制。如果你在火车上病了一次，你就决定再也不坐火车了；如果你在六楼的阳台上晕倒了，你就决定不再去阳台了；如果上次你丈夫出差的时候你感到焦虑，那么每次他离开你都会很沮丧……一次糟糕的经历意味着无论何时你处于类似的情况，你都会重复这种糟糕的经历。

过度概括经常以绝对性的陈述出现，就好像有一些永恒的法则支配和限制着你获得幸福的机会。一些体现你可能过度概括的词是"所有""每一个""没有""从不""总是""每个人"和"没有人"。例如，当你作出如下的笼统结论时，你就过度概括了："没有人爱我""我再也不能信任任何人了""我总是很伤心""我的工作总是很糟糕""如果他们真正了解我，就没有人会和我做朋友了。"

过度概括的另一个标志是给你不喜欢的人、地方和事物贴上整体标签。拒绝载你回家的人会被贴上"彻头彻尾的混蛋"的标签；约会时安静的人是"笨拙的"；纽约是"人间地狱"；电视带来的是"邪恶的、腐化的"；你是"愚蠢的"，而且"完全是在浪费生命"。这些标签中的每一个都可能包含一点事实，但忽略所有相反证据，将这一点引申为一种全局判断，使你对世界的看法变得刻板和单一。

读心术

在读心术中，你认为很了解别人的感受和动机，这可能会导致你快速判断出："他那样做只是因为他嫉妒""她只对你的钱感兴趣""他害怕表现出他在乎"。

如果你的兄弟最近和他的女朋友分手了，在一周内三次拜访一位新认识的女性，你可能会得出很多结论：他再次坠入爱河；他对他的前女友很生气，希望她能发现；他害怕再次独处。如果不直接问你的那位兄弟的话，你就无法知道哪个是真的。读心术使一个结论看起来如此明显正确，以至于你认为它是正确的，进而不恰当地采取行动，并陷入困境。

通过读心术，你还可以对人们对你的反应作出假设。你可能会假设你的男朋友在想什么，然后对自己说："这一次，他看到了我是多么没有吸引力。"如果他也在读心，他可能会对自己说："她认为我真的不成熟。"你可能在工作中偶然遇到你的上司，离开时你会想："她准备解雇我了。"这些假设来源于直觉、预感、模糊的疑虑或一些过去的经验。它们是未经检验和证实的，但你仍然相信它们。

读心术产生于一种叫投射的过程。你想象人们和你有同样的感受，对事物的反应也和你一样。因此，你不会仔细观察或聆听，以注意到其他人实际上是不同的。如果有人迟到了，你会生气，你认为每个人都会有这种感觉；如果你对拒绝感到极度敏感，你会认为大多数人都是如此；如果你对特定的习惯和特征非常挑剔，你就会假设其他人和你有同样的信念。

灾难化思维

如果你有灾难化思维，那么帆船上的一个小漏洞就意味着它肯定会沉没。例如，一个估计对方出价过低的承包商认为自己再也找不到工作了；头痛表明脑瘤正在发展。

灾难化的想法通常以"如果……怎么办"开头。你在报纸上读到一篇描述悲剧的文章，或者听到一个熟人遭遇灾难的八卦，你开始想："如果这发生在我身上怎么办？""如果我滑雪时把腿摔断了怎么办？""如果他们劫持了我所在的飞机怎么办？""如果我生病了，不得不申请残疾救济怎么办？""如果我儿子开始吸毒怎么办？"这样的例子不胜枚举。活跃的灾难化想法是没有限制的。

小题大做

当你小题大做时，你强调的是与实际重要性不成比例的事情。小错误变成悲剧般的失败；小建议变成了严厉的批评；轻微的背痛会变成椎间盘破裂；小挫折是绝望的原因；微小的阻力似乎是压倒一切的障碍。像"巨大的""不可能的"和"压倒性的"这样的词是放大术语。这种模式创造了一种悲观和歇斯底里的基调。

放大的反面就是最小化。当你放大时，你通过一架望远镜来看待生活中所有消极和困难的事情，这会放大你的问题。但当你审视自己的资源时，比如你应对问题和寻找解决方案的能力，你又从望远镜的错误一端开始看，因此所有积极的部分都被最小化了。

个人化

有两种类型的个人化。一种是直接把自己和别人比较："他钢琴弹得比我好得多""我不够聪明，和他们玩不到一起"

"她比我更了解自己""他对事情的感受如此深刻，而我的内心却死气沉沉的""我是办公室里最迟钝的人"。

有时候这种比较反而对你有利："他很笨（而我很聪明）""我比她好看"。比较永远不会结束。即使比较是有利的，但潜在的假设是你的个人价值是值得怀疑的。

因此，你必须不断地测试自己的价值，不断地将自己与他人进行比较。如果你表现得更好，你会松一口气；如果你表现不佳，你会觉得自己被削弱了。

本章开头是另一种个人化的例子：倾向于把你周围的一切都和你自己联系起来。当抑郁的父母看到孩子的悲伤时，他们会责怪自己；一个商人认为，每当一个合伙人抱怨累了，那就意味着他厌倦了和自己一起做生意；如果一个男人的妻子抱怨物价上涨，他会把这些抱怨当成是对自己养家能力的攻击。

应该

你可能会根据一系列关于你和其他人应该如何行动的僵化的规则来行动，并认为这些规则是正确的和无可争议的。你认为任何偏离你的价值观或标准的事情都是不好的，因此，你经常评判别人并吹毛求疵。人们会激怒你。他们没有正确地行动，也没有正确地思考。他们有不可接受的特质、习惯和观点，这让他们很难被容忍。他们应该知道规则，也应该遵守规则。

一位女士觉得她的丈夫应该自愿周日开车带她去兜风。她认为，一个爱妻子的男人应该带她去郊外，然后去一个好地方吃饭。他不想这么做意味着他只想着自己。这种模式的提示词是"应该""就该"和"必须"。事实上，治疗师阿尔伯特·埃利斯将这种思维模式称为"强迫执行狂"。

你的"应该"对你自己和对别人一样苛刻。你觉得自己被迫以某种方式行事，但你从来没有客观地问过这么做是否真的有意义。精神科医生卡伦·霍妮称这是"应该的暴政"。以下是一些最常见和最不合理的"应该"。"我应该"：

- 成为慷慨、体贴、尊严、勇气和无私的化身
- 做一个完美的爱人、朋友、父母、子女、老师、学生
- 能够沉着地忍受任何困难
- 能够快速找到解决问题的方法
- 永远不要感到受伤，我应该总是快乐和平静

- 知道、理解并预见一切

- 永远随性，但也总能控制自己的情绪

- 从不感到某些负面情绪，比如愤怒或嫉妒

- 平等地爱我所有的孩子

- 永远不要犯错

- 一旦坠入爱河，总能感受到爱，因为我的情感应该是不变的

- 完全自力更生

- 坚持自己，又能从不伤害任何人

- 永远不要感到疲倦或生病

- 始终保持最高效率

平衡的替代方案

这里提供了一些对于这8种限制性思维可以有的不同的反应。当你遇到特定模式的问题时，可以作为参考。

过滤

你被困在一种思维陷阱中，把注意力集中在环境中那些

通常会让你害怕、悲伤或愤怒的事情上。为了克服过滤，你必须有意识地转移焦点。你可以通过两种方式转移注意力。

一种方法是把你的注意力放在处理问题的应对策略上，而不是纠缠于问题本身。另一种方法是专注于与你的心理主题相反的事情。例如，如果你倾向于关注"失去"这个主题，那就专注于你仍然拥有的有价值的东西；如果你的主题是危险，那就把注意力放在你周围环境中代表舒适和安全的东西上；如果你的主题是不公正、愚蠢或无能，那就把注意力转移到你认可的人的行为上。

两极化思维

克服两极分化思维的关键是停止非黑即白的判断。人并非不是快乐就是悲伤，不是喜爱就是厌恶，不是勇敢就是懦弱，不是聪明就是愚蠢。它们落在这些两极之间连续线上的某点处。人类太复杂了，不能被简化为非此即彼的判断。

如果你要作这样的评价，那就按照百分比来："我有30%的部分害怕得要死，但有70%的部分在坚持和应对。""大约60%的情况下他似乎只在乎他自己，但40%的时候他确实很慷慨。""大约5%的时间我是个无知的人，但其他时间我都做得很好。"

过度概括

过度概括就是夸张——就像拿一颗纽扣，在上面缝一件背心。可以通过量化的方式而不是使用"巨大的""可怕的""严重的""微不足道的"等词语来对抗它。例如，如果你发现自己在想"我们被巨额债务所淹没"，那就用一个数字来重新表述："我们欠47 000美元。"

另一种避免过度概括的方法是检查你的结论到底有多少证据。如果结论是基于一个或两个案例、一个错误或一个小症状，那就把它扔掉，直到你有更令人信服的证据。这是一个十分有力的技巧，因此下一章的大部分内容都致力于阐述支持和反对你的冲动想法的证据。

不要用"每一个""所有""总是""没有""从不""每个人"和"没有人"这样的词来绝对化思考。包含这些词的语句忽略了例外情况和灰色地带。用"可能""有时"和"经常"这样的词代替绝对性的词。

对未来的绝对化预测要特别敏感，比如"没有人会爱我"。它们是极其危险的，因为当你按照它们行事时，它们就会成为自我实现的预言。

密切注意你用来描述自己和他人的词语，用更中性的词语代替经常使用的负面标签。例如，如果你说你习惯性的谨慎是"怯懦"，那就用"小心"来代替。把容易激动的母亲想象成活泼而不是愚蠢的人。与其责备自己懒惰，不如称自己悠闲。

读心术

从长远来看，最好不要先入为主对别人做任何推论。要么相信他们告诉你的，要么不相信他们的想法和动机，直到确凿的证据出现。把你对人的所有看法都当作假设，通过询问他们来检验和验证。

有时候你无法检验你的解释。例如，你可能还没有准备好问你的女儿，她不参与家庭生活是否意味着她怀孕了或身体抱恙。但是你可以通过对她的行为作出不同的解释来减轻你的焦虑。也许她正在恋爱，努力学习，对某事感到沮丧，深深地沉浸在一个项目中，或者担心她的未来。

通过产生一系列的可能性，你可能会找到一个更中立的解释，就像你最可怕的怀疑一样可能是真的。这个过程也强调了这样一个事实：除非别人直接告诉你，否则你真的不可能准确地知道别人的想法和感受。

灾难化思维

灾难化思维是通往焦虑的必由之路。一旦你发现自己在想象灾难，就问问自己："可能性有多大？"根据概率或概率百分比对情况进行诚实的评估。灾难发生的概率是十万分之一、千分之一还是百分之五？看到可能性可以帮助你现实地评估让你害怕的事情。

小题大做

为了对抗夸大，停止使用"恐怖的""糟糕的""恶心的""吓人的"等词语。特别是，不要说"我不能忍受""这是不可能的"和"这是无法忍受的"。你可以忍受，因为历史表明，人类几乎可以承受任何心理打击，也可以忍受难以置信的身体痛苦。你可以习惯和应付几乎任何事情。试着对自己说"我能应付"和"我能挺过来"之类的话。

个人化

如果你认为别人的反应通常是和你有关的，强迫自己去核实一下。也许你老板皱眉的原因并不是你迟到了。除非你有合理的证据证明，否则不要下结论。当你发现自己习惯和别人比较时，提醒自己每个人都有优缺点。将自己的弱点与他人的长处相比较，你只会让自己士气低落。

事实是，人类太复杂了，随意的比较没有任何意义。把任意两个人的成千上万种特征和能力做比较可能会耗费你儿个月的时间。

应该

重新审视和质疑任何包含"应该""就该"或"必须"这些词在内的个人规则或期望。灵活的规则和期望不使用这些词，因为总是有例外和特殊情况。想象你的规则至少有三个例外，然后想象所有的例外一定是你难以预估的。

当别人不按照你的价值观行事时，你可能会生气。但你的个人价值观只是你个人的，别人不可能总围着你转。正如对在世界各地工作的传教士的研究表明，他们并不总是无私地为别人着想。每个人都不一样。

关键是要关注每个人的独特性——他或她的特殊需求、局限、恐惧和快乐。因为你不可能知道所有这些复杂的相互关系，即使是亲密的关系，你也不能确定你的价值观是否适用于另一个人。你有权发表意见，但也要考虑到你可能是错的。此外，要允许其他人关注不同的重要事情。

战斗模式

既然你已经学会了识别限制性思维模式，并意识到其他的选择，是时候把你的新技能应用到你的"思想日志"上了。

从分析你最痛苦的自动化思维开始，再看看哪种限制性思维模式是最典型的，把它们写在第一栏。你可能会发现不止一种限制性思维模式，写下所有适用的。

在下一栏中，用一种更平衡的方式重写你的自动化思维，或者用另一种思维来反驳自动化思维。

在最后一栏中，在你努力克服你的自动化思维之后，再次给你的感受打分，用同样的 0 到 100 的等级，其中 0 表示这种感受没有引起痛苦，100 表示你所感受到的最痛苦的情绪。由于你的练习，这种感受应该不那么强烈了。

行动计划

你的平衡的或替代性的想法可能会建议你采取行动，例如：

- 检查假设
- 收集信息
- 提出自信的要求
- 消除误解
- 制订计划
- 改变你的时间表
- 解决未完成的事务
- 作出承诺

圈出所有行动项目，并计划何时将它们付诸行动。

执行你的行动计划可能会让你感到困难、耗时或尴尬。你可能需要把你的计划分解成一系列简单的步骤，并安排好每一步。这是值得的。

你的平衡的或替代性的想法所带来的行为将大大减少你的负性自动化思维的频率和强度。

使用你的"思想日志"来确定平衡的计划方案并制订行动计划是必不可少的。这是你需要掌握的基本技能，以便使用认知行为疗法来减少焦虑和抑郁等痛苦情绪。

大多数人在坚持写"思想日志"的第一周就取得了进步。你练习适应自动化思维的时间越长，你就会做得越好。这是一种技能，就像编织、滑雪、写作或唱歌一样，熟能生巧。

第三章

强烈想法

　　如果前一章的技巧对你很有效，你可能就没有必要再读这一章了。然而，如果你很难识别自己的限制性思维模式，本章提供了一种基于证据收集和分析的替代方法——一种对抗自动化思维的强大武器。

　　强烈想法指的是触发情绪的想法。本章将教给你做三件事的技巧：找出支持（或触发）你的强烈想法的证据；找出与你的强烈想法相矛盾的证据；然后综合这些信息，构建一个更健全、更真实的视角。

表2　思想与证据日志

情境 在何时?何地?和谁?当时发生了什么?	感受 用0—100分评估你的痛苦程度	自动化思维 在这种不愉快的感受产生之前和过程中，你在想什么?	支持证据	反对证据圈出可能的行动计划	平衡的或替代性思维 用0-100%评估可信度	重评感受 用0-100分重新评估你的痛苦程度

　　掌握这项技能，要使用"思想与证据日志"，它可以让你记录和分析支持或反对你的强烈想法的证据。你可以在日志中写下提示。和以前一样，把空白表格复印几份，并至少在接下来的一周内随身携带一份。以下是该过程的简要概述，然后是如何使用该表单的详细说明。

　　1.选择一些强烈想法

　　2.找出支持你的强烈想法的证据

　　3.找出反对你的强烈想法的证据

　　4.写下你平衡的或替代性的想法

　　5.重新评估你的情绪

　　6.记录并保存备选方案

　　7.练习平衡思维

　　8.制订行动计划

1. 选择一些强烈想法

　　回到你的"思想日志"，从你的自动化思维记录中选择一些强烈想法。基于它们的强度或频率，选择几个对你的情绪有重大影响的想法。用0—100的分值给每个想法带来的痛苦程度打分，100表示这个想法是你产生痛苦感受的唯一原因。圈出得分最高的想法，这就是你接下来要做的。

为了帮助说明这种方法，我们将以莱恩为例。莱恩是一家大型印刷公司的代表，其客户主要是出版商和广告公司。当莱恩用0到100的等级给他所有的自动化思维打分时，"我是个完全的失败者"成了他迄今为止最强烈的想法。这个想法本身就足以打击莱恩，激起他强烈的不足感和沮丧感。

2. 找出支持你的强烈想法的证据

一旦你确定了自己的强烈想法，把它记录在你下载的"思想与证据日志"上，包括你对这种感受和相关想法的评分。然后，写下那些支持你的想法的经历和事实。

不要把你的感受、印象、对他人反应的假设或没有根据的信念放在这里。在"支持证据"一栏中，坚持客观事实。把记录的内容限制在自己说了什么，做了什么，做了多少次，等等。

虽然坚持事实很重要，但接受所有过去和现在支持和验证你的强烈想法的证据也很重要。

莱恩列举了五个证据，这些证据似乎支持"我是个完全

的失败者"这个强烈想法。以下是他在"支持证据"一栏中
所写的：

- 12月份的销售额只有2.4万美元
- 他们就快准备好签合同，我却让合同泡汤了
- 老板问我是否有什么问题
- 这是我12个月来第三次销售额低于3万美元
- 与伦道夫意见不合，合作失败

请注意，莱恩没有谈论猜测、假设，也没有"感觉"自
己的工作做得不好。他记录的内容局限于事实和对事件的客
观描述。

3. 找出反对你的强烈想法的证据

想出证据来反驳你的强烈想法可能是这个技巧中最难的
部分。我们很容易想到一些支持自己强烈想法的东西，但当
你要找出反对它的证据时，你的大脑可能会一片空白。你可
能需要一些帮助。

为了帮助你找到反对你的强烈想法的证据，你需要问10

个关键问题。对于你正在分析的每一个强烈想法，都要仔细检查这10个问题。每一个都会帮助你探索新的思维方式：

1. 除了你的强烈想法，对这种情况还有别的解释吗？

2. 这种强烈想法真的准确吗，还是过度概括？在莱恩的案例中，12月份的低销售数据一定意味着他是一个失败者吗？

3. 你的强烈想法所作出的概括有例外吗？

4. 是否存在平衡的现实，可以缓和这种情况的负面影响？以莱恩为例，除了销售额，他在工作中还有其他让他感觉良好的事情吗？

5. 这种情况更可能的后果是什么？（这个问题可以帮助你区分哪些事情是你担心的，哪些事情是你合理期望有可能会发生的。）

6. 你过去的经历是否会让你得出一个除你的强烈想法以外的结论？

7. 是否存在客观事实与"支持证据"一栏中的条目相矛盾？比如，莱恩失去那份大合同是因为他是个失败的推销员，这是真的吗？

8.你担心的事情发生的概率有多大？像赌徒一样思考：赔率是二分之一？五十分之一？千分之一？五十万分之一？想想现在所有处于同样情况下的人有多少？他们最终会面临你所担心的灾难性后果吗？

9.你是否可以通过社交技巧或解决问题的能力来处理不同的情况？

10.你能制订一个计划来改变这种情况吗？也许你认识的人会以不同的方式处理这件事，那个人会怎么做？

在另一张纸上，写下你对所有与你的强烈想法相关的问题的答案。这可能需要一些思考：

- 找出由你的强烈想法产生的泛化的例外
- 客观地评估灾难性事件发生的可能性
- 回想一下，在面对问题时，能给你信心和希望的可以平衡的现实

在证据收集过程中，不要试图走捷径或匆忙完成这一步。你投入的工作是培养挑战强烈想法能力的关键。下面展示了莱恩的做法。

　　莱恩花了半个多小时回答了这10个问题。他们帮他在"反对证据"一栏里写了这些陈述：

- 12月通常是销售低迷月份。这也许可以解释我的销量下降的大部分原因。（问题1）

- 准确地说，今年我在9名代表中排名第四。这并不好，但也不算失败。（问题2）

- 有几个月还不错。我8月份做了6.8万美元的业务，3月份做了6.4万美元的业务。（问题3）

- 我和很多客户关系很好。在某些情况下，我真的可以帮助他们作出重大决定。大多数人都认为他们可以相信我做他们的顾问。（问题4）

- 我的销售业绩在公司排名第四，他们不会解雇我。（问题5）

- 五年前，我的排名是第二，而现在我一直在排名的上半段。这些年来，有好几个月我都能获得最佳推销员奖。（问题6）

- 在那个大业务上，我的出价高于对方。这不是我的错。（问题7）

- 伦道夫说他更想要再生环保纸，但因为不喜欢价格而放

弃了合作。那不是我的错。(问题7)

• 我需要更多地考虑与每个客户的关系,而不是每份合同的价值。根据经验,我知道这对我更有效。(问题10)

莱恩发现,寻找与"支持证据"一栏中每个条目相抵消或相矛盾的客观事实特别有用。他不停地问自己:"根据我的经验,是什么抵消了这条证据? "以及"哪些客观事实与这一证据相矛盾?"

莱恩惊讶于他在"反对证据"一栏中发现了这么多东西。这让他意识到,当他感到沮丧时,他往往会把很多事情拒之门外。

4. 写下你平衡的或替代性的想法

现在是时候综合你在"支持证据"和"反对证据"这两栏中所学到的一切了。慢慢地仔细阅读这两栏。不要试图否认或忽视任何一方的证据。然后结合你在收集证据时所学到的东西,写下新的、平衡的想法。在你的平衡思维中,承认"支持证据"一栏中的重要内容是可以的,但在"反对证据"一栏中总结你所学到的主要内容也同样重要。

以下是莱恩在"思想与证据日志"的"平衡的或替代性

的思维"一栏中所写的内容：

> 我的销售额下降了，我已经失去了两笔生意，但我有一个稳定的销售记录，多年来有很多好月份。我只需要关注我的客户关系而不是钱。

请注意，莱恩没有忽视或否认销售额下降，但他能够使用"反对证据"一栏中的内容来形成一个清晰、平衡的说明，承认他是一个称职的销售人员。

综合陈述不必很长，但它们确实需要总结问题双方的主要观点。不要犹豫，把你新的、平衡的想法重写几次，直到你的陈述变得有力和令人信服。

当你对你所写的东西的准确性感到满意时，用0-100%来评价你对这个新的、平衡的想法的可信度。莱恩对他的新的、平衡的想法的可信度为85%。

如果你不相信你的新想法超过60%，你应该进一步修改它，也许可以从"反对证据"一栏中加入更多的项目。也有可能你收集的证据还不够有说服力，所以你需要为"反对证据"一栏想出更多的想法。

5. 重新评估你的情绪

是时候看看这些工作给你带来了什么。作为"思想日志"的一部分，你确定了一种痛苦的感受，并用0-100分评估了其痛苦程度。现在再次评估这种感受的痛苦程度，看看它是否因为你收集的证据和你形成的新的、平衡的想法而改变了。

莱恩发现，在经历了这个过程之后，他的抑郁程度大大减轻了，在0到100的范围内，从85分降到了30分。剩下的大部分沮丧似乎都是基于对12月份销售低迷导致收入减少的现实担忧。

当你面对强大的强烈想法并对你的感受作出积极的改变时，你会发现，你的情绪变化可以有力地强化你继续使用"思想与证据日志"。

6. 记录并保存备选方案

我们鼓励你在每次检查证据并形成平衡或替代的想法时记录你所学到的东西。把这些信息写在索引卡上是很有帮助的，这样你就可以随身携带，随时可以阅读。

在卡片的一面，写下问题和你的想法。在另一面，写下你的替代或平衡的想法。随着时间的推移，你可能会创建许多这样的卡片。当令人沮丧的情况可能会导致你忘记它们时，它们可以是一个有价值的资源，提醒你新的、更健康的想法。

7. 练习平衡思维

你可以用索引卡简单地练习平衡思维。首先阅读卡片上描述了触发事件和你的强烈想法的那一面。

然后努力形成一个清晰的可视化情景：想象场景，观察形状和颜色，注意谁在那里，他们是什么样子。聆听场景中的声音和其他声音。注意温度。注意你是否触摸到任何东西，以及它的感受。发动所有感官会使你的场景更加生动。

当画面场景非常清晰的时候，读你的强烈想法。试着把注意力集中到有情绪反应的程度。当你能清晰地描绘出场景并感受到与之相关的一些情绪时，把卡片翻过来，读你平衡的想法。在继续想象场景的同时思考平衡的想法，并继续将平衡的想法与场景配对，直到你的情绪反应消退。

莱恩在做这个练习时，一边想象着每月的销量通知，一边想着"我是个完全的失败者"。在感到一阵小小的沮丧之后，他将销售报告的图像与前面描述的平衡思想配对。他花了几分钟的时间来集中精力平衡自己的想法，他的抑郁才开始消退。

莱恩从这个练习中学到的一件重要的事情是，他可以通过专注于关键的想法来增加或减少他的抑郁。你也可以。

8. 制订行动计划

和"思想日志"一样，你可以使用"思想与证据日志"来帮助你制订行动计划。

研究"反对证据"一栏，寻找一个涉及使用应对技巧或实施计划以不同方式处理情况的项目。圈出暗示行动计划的项目。写下你可以采取的3个具体步骤来实施你的行动计划。

莱恩的行动计划集中在他决定考虑客户关系，而不是每个合同的金钱价值上。他决定这么做：

> 给所有的老客户拜年。
>
> 给每个客户打电话，要求他们反馈我和我的公司可以如何提高服务。

55

专注于享受和客户的关系。例如，花时间聊天，而不是快速推进业务。

额外的建议

"思想与证据日志"是对抗无意识思维的有力工具，但你需要系统地完成所有步骤。这里有一些建议可以帮助你克服一些通往成功的常见障碍：

- 如果你有不止一个强烈想法，为每个想法分别做一个"思想与证据日志"。
- 如果你很难对这个强烈的想法作出不同的解释（问题1），想象一下一个朋友或一个客观的观察者会如何看待这种情况。
- 如果你很难识别出你的强烈想法所作出的概括的例外情况（问题3），想想你这段时间在这种情况下没有发生任何负面事件。也许你还经历了一些积极的事情：有没有一段时间你处理得特别好？在这种情况下，你被表扬过吗？
- 如果你很难想到客观事实来反驳"支持证据"一栏（问题7）中的条目，你可以向朋友或家人寻求帮助。

- 如果你难以评估可怕结果发生的概率（问题8），估计一下去年全国遇到同样情况的人次，以及这种可怕的灾难发生了多少次。
- 如果你在制订行动计划方面有困难（问题10），想象一个非常有能力的朋友或熟人会如何处理同样的情况。他或她会做什么、说什么或尝试什么，可能会产生什么不同的结果？

———

　　使用本章中描述的"思想与证据日志"，你的情绪将可能在短短一周内发生重大改变。但是，还需要2-12个星期来巩固你的收获，因为你的新的、更平衡的想法会通过重复变得更加牢固。

第四章

放松

放松训练不同于我们通常认为的放松。这不仅仅是看一部电影来转移你的注意力，也不仅仅是去长时间安静地散步来放松。当心理学家谈到学习放松时，他们指的是定期做一组或多组特定的放松练习。这些练习通常包括深呼吸、肌肉放松和可视化技巧的结合，这些技巧已经被证明可以释放身体在压力下储存的肌肉紧张。

在放松训练的过程中，你会发现思绪开始变慢，恐惧和焦虑的感受也大大减轻了。事实上，当你的身体完全放松时，就不可能感到恐惧或焦虑。

在所谓的放松反应中，心率、呼吸频率、血压、骨骼肌张力、代谢率、耗氧量和皮肤电导率都会下降。另外，与平静健康状态相关的α脑波频率也会增加。这些身体状况中的每一种都与焦虑和恐惧在体内产生的反应完全相反。深度放松和焦虑在生理上是对立的。

这一章的重点是如何通过练习高效的放松技巧来实现深度的放松。

最初，你会想在一个安静的房间里做放松训练，这样你就不会被打扰了。穿上宽松、无束缚感的衣服，在每次锻炼开始时，选择一个舒适的姿势，躺着或坐着，只要你的身体得到支撑。如果你愿意，可以使用白噪声，比如，用白噪声机或风扇的嗡嗡声来掩盖那些无法控制的声音。

稍后，当你对这些练习更熟悉时，你可以在更容易分散注意力的环境和公共场所尝试练习。

腹式呼吸

有一组肌肉通常会因压力而紧张，这些肌肉位于你的腹壁。当你的腹肌紧绷时，它会向上挤压你的膈肌，而膈肌向下伸展时才会推动你开始每次呼吸。这种腹肌紧绷时的推动动作限制了你吸入的空气量，并迫使你吸入的空气留在肺的上部。

如果你的呼吸又急又浅，你可能会觉得你没有得到足够的氧气。这会给你带来压力，让你意识到自己处于危险之中。为了弥补空气的不足，你可以快速、浅呼吸，而不是放松腹肌和深呼吸。这种浅而急促的呼吸会导致你过度呼吸——这是引起恐慌的主要原因之一。

腹式呼吸通过放松压迫膈肌的肌肉和减缓呼吸速率来逆转这个过程。3-4次深腹式呼吸几乎可以让人瞬间放松。

腹式呼吸通常很容易学会。每天练习10分钟，你就能掌握这个简单而有效的技巧：

1. 躺下，闭上眼睛。花点儿时间关注你身体的感觉，特别是你身体保持紧张的位置。做几次呼吸，看看你对自己的呼吸有什么发现。你的呼吸集中在哪里？你的肺完全扩张了吗？当你呼吸的时候，你的胸部会上下起伏吗？你的腹部呢？这两者都有吗？

2. 将一只手放在胸部，另一只手放在腹部，就在腰的正下方。当你吸气的时候，想象你正在尽可能地把氧气送进你的身体；感觉你的肺在充满空气时扩张。当你这样做时，放在胸前的手应该保持相当的静止，而放在腹部的手应该随着每次呼吸而上下起伏。如果你的手在腹部移动有困难，或者如果两只手都在移动，试着用手轻轻地按压腹部。当你呼吸的时候，引导空气，使它顶住你的手的压力，迫使它上升。

3. 继续轻轻地吸气和呼气。让你的呼吸找到自己的节奏。如果你觉得呼吸不自然或有任何被强迫的感觉，在吸气和呼气时保持对这种感觉的觉知。最终，任何紧张或不自然都会自行缓解。

4.深呼吸几次后，开始数每次呼气的次数。10次呼气后，从1开始计数。当你产生想法时，你忘记了你的数字，简单地把注意力放回到练习上，从1开始再数一次。继续数你的呼吸10分钟，有意识地确保每次呼吸时腹部的手继续上升。

渐进式肌肉放松

渐进式肌肉放松（Progressive Muscle Relaxation，PMR）是一种放松技巧，它包括按特定的顺序收紧和放松身体的所有肌肉群。身体对焦虑和恐惧的想法的反应是将紧张储存在肌肉中。这种紧张可以通过有意识地收紧肌肉至超过正常的紧张点，然后突然放松它们来释放。对身体的每一个肌肉群重复这个过程，可以引起一种深度放松状态。

如果你按照这本书中提供的方法练习PMR，你会体验到放松反应对身体的好处。更重要的是，如果你坚持几个月定期练习PMR，你生活中经常出现的焦虑、愤怒或其他痛苦情绪的频率将显著减少。

一个简单的锻炼方案是有效的。这些运动将身体分成四个主要的肌肉群：手臂、头部、腹部和腿部。

不管你喜欢与否，都应该每天花20到30分钟做下面的练习。你正在培养一种技能：放松的能力。一开始，你可能会发现你需要很长的时间才能放松，甚至只有一点点放松的感觉。然而，随着你继续练习，你将学会更深入、更迅速地放松。

快速肌肉放松

虽然基本的PMR程序是一种很好的放松方式，但要按顺序完成所有不同的肌肉群需要很长时间，所以它不是一种即时放松的实用工具。为了快速放松你的身体，你需要学习以下快速PMR方法。

快速PMR的关键是学会同时放松身体四个区域的肌肉。你将绷紧并保持每组肌肉7秒，然后让整个肌肉群放松20秒。当你变得更熟练时，你可能需要更少的时间来紧张和放松。以下是快速PMR的步骤：

1.握紧拳头，同时弯曲肱二头肌和前臂。保持紧张7秒，然后放松20秒。

2. 尽量把头向后压。先顺时针旋转一周，再逆时针旋转一周。当你这样做的时候，把你的脸皱起来，好像你想让它的每一部分都在你的鼻子上相遇。放松。接下来，绷紧你的下巴和喉咙肌肉，耸肩，然后放松。

3. 深呼吸时轻轻地拱起背部。保持这个姿势，然后放松。再深吸一口气，这一次吸气时腹部向外伸展，然后放松。

4. 脚趾向上指向脸部，收紧小腿和小腿肌肉，然后放松。接下来，弯曲脚趾，收紧小腿、大腿和臀部肌肉，然后放松。

没有紧张的放松

在7-14次PMR练习中，你应该能熟练地识别和释放肌肉的紧张。在那之后，你可能不需要在放松之前仔细考虑收缩每一个肌肉群。相反，通过将你的注意力按顺序移动到身体的四个区域来扫描你的身体是否紧张。

如果你发现任何紧绷感，就像你在PMR练习中每次收缩后所做的那样，简单地放松它。保持专注，真正感受每一种感觉。练习每个肌肉群，直到肌肉完全放松。如果你觉得某个部位很紧，不愿放松，那就收紧这块肌肉或肌肉群，然后再放松。

这种方法甚至比快速PMR过程还要快。过度紧张会加剧肌肉酸痛，这是一种缓解肌肉酸痛的好方法。

暗示控制放松

在暗示控制放松法中，你学会了在任何你想放松的时候，通过口头暗示和腹式呼吸相结合来放松你的肌肉。

首先，找一个舒适的姿势，然后用我们刚才描述的放松技巧尽可能多地释放紧张。当你的腹部随着每次呼吸进进出出时，把注意力集中在它身上，让你的呼吸缓慢而有节奏。随着每一次呼吸，使自己变得越来越放松。

然后，每次吸气时，对自己说"吸气"；呼气时，对自己说"放松"。只要不断地对自己说："吸气……放松……吸气……放松"，同时释放全身的紧张。继续这个练习5分钟，每次呼吸时重复提示词。

暗示控制的方法教会你的身体将"放松"这个词与放松的感觉联系起来。当你练习了一段时间，并且这种联系很强烈之后，你就可以随时随地放松你的肌肉了。只要在心里重复，"吸气……放松"，就能释放全身的紧张感。

暗示控制放松可以让你在不到 1 分钟的时间内缓解压力，是焦虑和愤怒管理治疗计划的主要组成部分。

想象一个宁静的场景

另一种放松的方法是在心里构建一个平静的场景，当你感到压力时，你可以进入这个场景。宁静的场景应该是你觉得有趣和吸引人的。当你想象它的时候，它会让你感到安全，在那里你可以放下戒备，完全放松。

寻找你的场景

找一个舒适的姿势，坐着或躺着，花几分钟时间练习暗示控制放松。当你完全放松的时候，想象是最有效的，所以一定要花足够的时间彻底放松。

现在只要让你的潜意识向你展示你平静的场景。一幅图画可能开始在你的想象中形成。或者，你可能会在脑海中听到一个单词、短语或声音，而不是看到一个图像，这将开始激发一个图像的生命。无论发生什么，如果一个图像开始显现，不要质疑它。接受这一设定，让你产生宁静的共鸣。

如果一个场景没有出现在你面前，选择一个吸引你的地方或活动。你现在想待在哪里？在乡下？树林里？还是在草地上？在船上？在小木屋里？在你长大后的房子里？住在俯瞰中央公园的顶层公寓里？

一旦你的想象力确定了一个场景，注意场景中你周围的物体。看看它们的颜色和形状。你听到了什么声音？空气中有什么气味？你在干什么？你有什么身体上的感觉？试着注意到现场的一切。

你可能会发现，无论你多么努力地让它们聚焦，场景的某些部分仍然不清晰或模糊。这很正常。不要失望。通过练习，你将能够描绘出细节，使你的场景更加生动。

可视化技术

想象是一种技能。就像绘画、橱柜制作或缝纫等许多技能一样，有些人最初比其他人更熟练。你可能是独自一人坐下来，清晰地重现一个场景，你觉得你真的在那里。或者你可能会发现很难看到任何东西。

即使你不擅长想象，你也可以通过练习来培养这种技能。下面的指导方针将帮助你实现你的可视化生活。

一旦图像出现，如果场景中有任何空白——某个部分看起来模糊或没有任何图像，把你所有的注意力集中在那个区域，并问："这是什么？"再次把你的注意力集中在那个区域，看它是否开始清晰。即使图像是模糊的或空白的，也要尽可能专注地观察你想象中出现的任何东西。

让你想象的场景尽可能真实是很重要的。实现这一目标的一种方法是尽可能多地用你的五种感官中的至少三种感官来收集细节。视觉上，你可以把你的注意力放在图像的线条上，就像你在用铅笔描摹它们一样，把场景中的形状勾勒出来。注意场景中的颜色。它们是鲜艳的还是暗淡的？定位光源。照射在物体上的光如何影响物体的颜色？哪些区域处于阴影之中？试着去注意你在现场时所能看到的一切。

注意你通过其他感官收集到的信息。如果你真的在那里，你会听到什么声音？环境里有什么味道？你通过触觉能感觉到什么？那里是热的还是冷的？有风吗？想象你的手在不同的物体上移动，注意它们的质地，以及这个动作在你身体上产生的感觉。

观察你观看场景的角度。你是否像一个局外人一样看待它？当你在你的场景中看到一个想象中的"你"时，"向外看"视角的线索就出现了。如果你这样做，你需要改变视角，这样你的视角就像你在场景中看到的那样。例如，如果你的场景视角是看到自己躺在地上，而不是躺在一些树下，改变你的视角，这样你就能看到清澈的蓝天下的树枝。通过从场景内部的角度看事物，你会把自己完全融入图像中，更有可能觉得你生活在场景中，而不仅仅是观看它。

当不相关的想法闯入时，注意它们的内容，然后把注意力转移到你正在创造的场景上。

场景示例

这里有一些例子，可能会帮助你更好地进入你的宁静场景。采用吸引你的细节，并添加其他你觉得能够让你放松的细节。

海滩。你刚刚走下了一段长长的木楼梯，现在发现自己站在你所见过的最原始的海滩上。它很宽，一望无际。你坐在沙滩上，发现它是白色的、光滑的、温暖的、沉重的。你让沙子从手指间轻轻滑过。你躺在地上，发现温暖的沙子立刻包裹住你的身体。微风拂过你的脸。柔软的沙子抱着你。海浪隆隆作响，形成长长的白色浪峰，轻轻地向你冲来，然后在离你几米远的地方消散在沙滩上。空气中弥漫着盐和海洋生物的味道，你深深地吸了一口气。你感到平静和安全。

森林。你在森林里，周围全是很高的树。你躺在一层柔软干燥的苔藓上。空气中弥漫着月桂和松树的香气，气氛深沉、安静、宁静。你享受着阳光的温暖，阳光穿过树枝，在苔藓上投下斑驳的树影。一阵暖风吹起，你周围高大的树木摇曳着。每一阵风吹来，树叶都有节奏地沙沙作响。每当微风吹起，你身体的每一块肌肉都会变得更加放松。两只鸣禽在远处鸣叫。一只花栗鼠在上面叽叽喳喳地叫。一种轻松、平静和喜悦的感觉从头到脚蔓延开来。

火车。你坐在一辆长长的火车的尾部车厢里。车厢的整个天花板是一个彩色玻璃的圆顶，汽车的墙壁是玻璃的，给人一种你在户外，在广阔的乡村中飞驰的感觉。车内一头是一张毛绒绒的沙发，对面是两把厚垫椅子，中间是一张咖啡桌，上面放着你最喜欢的杂志。

你深深地坐在一把椅子上，脱下鞋子，把脚放在桌子上。外面是一幅不断后退的全景：山脉、树木、白雪皑皑的山峰、远处一个闪闪发光的湖泊。太阳快要落山了，天空被紫色和红色所淹没，高耸着橘红色的云。当你凝视着这些场景时，你会慢慢融入车轮嘎吱作响的节奏，感受到火车摇摆运动的平静。

通常两种或两种以上的方法可以结合起来让你更加地放松，例如，你可以在练习深呼吸时想象一个宁静的场景。腹式呼吸、渐进式肌肉放松、快速肌肉放松、没有紧张的放松等技术都需要不断地学习。

一般来说，在一两个疗程内使用这些方法中的任何一种，可以让你体验到深度放松的好处。

第五章

控制忧虑

每个人都会时不时地担忧。这是对预期未来问题的自然反应。但当担忧失控时，它几乎会成为你每时每刻的关注点。如果你经常经历以下任何一种情况，你就有严重的忧虑问题：

- 对未来危险或威胁的长期焦虑
- 不断对未来作出负面预测
- 经常高估坏事发生的可能性或严重性
- 无法停止一遍又一遍地重复同样的担忧
- 通过分散注意力或避免某些情况来逃避担忧
- 难以建设性地利用忧虑来解决问题

那些告诉你不要担心的人没有意识到人类的思维是如何运作的。有一个著名的心理学实验。想象一下，我们给你一千美元，让你一分钟都不要去想白熊。你可能几个月或几年都没有想过白熊，但一旦你决定不去想它，你就无法把那只该死的白熊从你的脑海中抹去。试试吧。

本章将教你用四种方法控制忧虑。首先，它会指导你定期练习你在上一章学到的放松技巧。其次，它会教你进行准确的风险评估，以对抗任何高估未来危险的倾向。再次，它会教会你暴露疗法，通过在计划好的时间内完成所有的担忧，让焦虑变得不那么痛苦，更有成效。

最后，本章还教授了预防忧虑行为的技巧，这是一种控制无效策略的技巧，你可能会用这些无效策略在短期内减少你的担忧，但实际上会导致焦虑的长期存在。例如，你会发现要准时到达目的地的方法，不是靠反复地看表或早早绕着街区转，以及如何停止过多地打电话询问你总在担心的亲人。

忧虑程度

担忧不仅仅是一种心理过程。当你担心时，你会进入一种循环模式，包括你的思想、身体和行为，如下图所示：

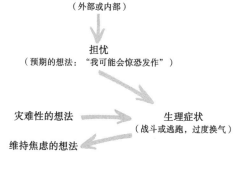

恐慌系列事件
（外部或内部）

担忧
（预期的想法："我可能会惊恐发作"）

灾难性的想法

生理症状
（战斗或逃跑，过度换气）

维持焦虑的想法

一件事——例如，看到救护车或想到所爱的人受伤——会让你产生担心的想法，你开始感到焦虑。

在**身体**层面上，你的心跳开始加快，呼吸加快，皮肤出汗，肌肉紧张，你可能会有其他与战斗或逃跑反应相关的躯体症状。

在**行为**层面上，你可能会采取行动来避免令人不安的情况或地方。你看看你是否已经开始打电话问爱人是否安好，或者已经是第五次校对一份报告。

为了控制忧虑，你需要在所有这些层面上处理它。首先，你将通过进行放松练习来处理身体上的压力反应。其次，为了了解焦虑的认知特征，你将练习风险评估和焦虑暴露。最后，你就可以通过忧虑行为预防来控制行为问题。

放松

你在前一章学习了放松技巧。长期的忧虑会造成长期的肌肉紧张。通过每天练习放松，你可以在焦虑引起的战斗或逃跑反应的循环中为自己提供至关重要的喘息之机。

每天花时间进行一次全面的渐进式肌肉放松。每天留出一段专门的时间，不管发生了什么，你都要做这个练习。每天练习是很重要的，不要跳过或缩短你的练习时间。每天一次深度放松是控制忧虑的重要组成部分，不能推迟。一天不做，效果就会大打折扣。

每天五次，或多或少有规律地做一次快速的暗示控制放松。这只需要一点时间，你可以在任何地方做。经常放松会使你的整体身体压力水平处于控制之中。

风险评估

如果忧虑对你来说是一个问题，那么风险评估的技巧和诀窍可以帮助你。没有人能逃避生活中的风险。诀窍是知道哪些风险你可以避免，哪些风险你应该准备面对，哪些风险你根本不必担心。风险评估有两个主要方面：估计概率和预测结果。

估计概率

忧虑太多的人总是高估风险。有些人认为每次开车都很有可能发生交通事故。另一些人过分担心在工作中犯错误，尽管他们工作表现很好，很少或从未犯过大错误。高估风险的发生是由于个人的经验和信念：你对个人经历的重视程度，以及你对焦虑的作用的看法。

　　经验。你的个人经历可以通过两种方式影响你的担忧。一种方式是你从未发生过太糟糕的事情，但你忽略了这些历史证据。这并不能阻止你担心忘记一些重要的事情或失去一段重要的关系。如果你这样想，似乎每过一天没有灾难发生的日子，坏事发生的概率就会增加。

　　个人经历影响担忧的另一种方式是，你曾经发生过不好的事情，而你过于看重这些历史证据。你认为任何发生过一次的事情都有可能再次发生——闪电不仅会击中两次，而且实际上喜欢一次又一次地击中同一个地方。

　　信念。根深蒂固的、未经检验的信念有两种方式会让担忧变得更糟。首先，你可能相信忧虑的预测能力。一个担心伴侣离开他的男人认为，他经常想这件事的事实表明，他的伴侣确实有可能离开。信念让你陷入担忧的第二种方式是，你相信担忧的预防能力。在这种情况下，你会无意识地认为坏事没有发生在你身上，是因为你对它们的担心让你远离了麻烦。你感觉自己像个站岗的哨兵，时刻保持警惕。

　　通过经验和信念来估计风险的错误之处在于，它们会潜移默化地增加你的担忧，直到它成为一个比你担心的危险更大的问题。走出这个陷阱的方法是学会准确地评估风险。

预测结果

即使你担心的事情真的发生了，结果会像你担心的那样糟糕吗？大多数忧心忡忡的人总是预测不合理的灾难性结果。这便是灾难化。例如，一位担心失去工作的女性确实失去了工作，但她最终并没有无家可归、穷困潦倒，而是找到了另一份工作。报酬虽然少一点，但她更喜欢这份工作。她预言的灾难性后果并没有发生。

当你担心的时候，你的焦虑会让你忘记，即使是最严重的灾难，人们也会习惯性地应对。你忘记了你和你的家人及朋友可能会找到方法来应对任何发生的事情。

评估你的焦虑程度

你可以在你的日志中创建"风险评估工作表"，或者在网上下载一份。

在第一行"担心的事"一栏中记录下你的担忧。写下你所能想到的最糟糕的担忧。例如，如果你担心你的孩子晚上出去，想象最坏的情况：醉酒的青少年和一辆大卡车迎面相撞，每个人都死于撞击，或者在经历了可怕的痛苦后死于急诊室。

表3　风险评估工作表

1.担心的事：_____

2.自动化思维：_____

3.用0—100分评估你的焦虑程度：_____

4.用0—100%给事件发生的概率打分：_____

5.假设最坏的情况发生了，

（1）预测最坏的后果：_____

（2）可能的应对想法：_____

（3）可能的应对行为：_____

（4）修正后的后果预测：_____

6.重新用0—100分评估你的焦虑程度：_____

7.列出反对可能发生最坏结果的证据：_____

8.其他可能的结果：_____

9.再次用0—100分评估你的焦虑程度：_____

10.再次用0—100%给事件发生的概率打分：_____

接下来，写下通常会自动出现的想法："她会死的……我就得死……血和痛……事情再也不会和以前一样了……受不了了……"记下任何想到的东西，即使只是一个图像或一个短暂的单词。

现在在考虑最坏的情况时，用0-100分给你的焦虑程度打分，0表示没有担忧，100表示你经历过的最糟糕的担忧。

然后给这种最坏情况发生的概率打分，从0（完全不可能）到100%（绝对不可避免）。

后面将讨论灾难性思维。假设最坏的情况确实发生了，预测一下最坏的后果。然后花点时间想想，为了应对这场灾难，你会告诉自己什么，你会做什么。当你对可能的应对策略有了一个清晰的认识后，如果你担心的事情真的发生了，就对可能的后果作出一个修正的预测。然后再次评估你的焦虑，看看它是否已经减轻了。

后面还将讨论高估的问题。列出反对可能发生最坏结果的证据。尽可能客观地估计一下可能性，然后列出你能想到的所有可能的结果。最后，再一次评估你的焦虑程度和事件发生的可能性。你会发现你的焦虑和你的概率评级都下降了，因为你作了更全面和客观的风险评估。

每当你面临强烈的焦虑或反复地经历担忧时，就做这个练习。坚持做这个练习很重要。每次的风险评估将帮助你改掉灾难性思维的坏习惯。

当你完成风险评估后，继续保持练习。当你再遇到类似的担忧时，可能希望再次参考它。

暴露疗法

当练习暴露疗法时，你首先要让自己暴露在一些程度较轻的忧虑情境中，每次持续30分钟。当较轻的忧虑情境不再引起令你痛苦的感受时，你就可以转向更令人痛苦的焦虑情境。渐渐地，你学会了在让你感到非常焦虑的事情面前，变得很少或没有焦虑情绪。

暴露疗法是一种长时间的意象暴露，它是一种让你带着恐惧去想象画面，直到对它们习以为常的一种技术。只要有足够的时间和足够的专注力，即使是最令人难受的画面也会变得过于熟悉和无聊，这样你下次再遇到它时就不会那么难受了。

当你只是一味地焦虑时，这种改变不会发生，因为你没有花足够的时间聚焦最糟糕的可能结果。你以非结构化、随心所欲的方式开始担忧，试图分散自己的注意力，与自己争论，逃避到另一个话题，进行例行检查或回避行为等，不会获得结构化暴露的任何好处。

每天安排30分钟的时间来进行全面、集中、有组织的焦虑，在这个时间段内把你担心的事情全想一遍。如果你在其他时间感到焦虑，那就把它推迟到下一次安排暴露疗法的时间。暴露疗法会让对痛苦更少担忧，提高效率。

暴露疗法很有效，因为它能让你集中时间焦虑。当你知道在每天的固定时间内你可以表达焦虑时，在剩下的时间里就更容易减少你的焦虑。

暴露疗法由以下8个简单的步骤组成：

1. 列出你的焦虑

2. 给你焦虑的事情排序

3. 放松

4. 将你的焦虑可视化

5. 评估你的焦虑高峰

6. 想象替代方案

7. 重新评估你的焦虑程度

8. 重复步骤4到步骤7

1. 列出你的焦虑

把你通常担忧的事情列一张清单，包括对成功和失败、维持人际关系、在学校或工作中的表现、人身危险、健康、犯错、被拒绝以及对过去事件的羞耻感等事情的担忧。

2. 给你焦虑的事情排序

从你的焦虑清单中挑出最不容易引起担忧的项目，把它写在新列表的顶部。然后继续往下，直到你把焦虑清单中的所有事情都按照从最不令人焦虑到最令人焦虑的顺序排好序。这是一个由瑞秋完成的逐级暴露的例子。

1. 忘记给我姐姐寄生日贺卡了

2. 开车去学校实地考察时迷路了

3. 放学后忘了去接凯茜

4. 错过了与医生的预约

5. 错过了办理房产税的截止日期

6. 在工作中犯错误并接受审查

3. 放松

你已经准备好处理清单上的第一个担忧了。找一个舒适的姿势，深呼吸，随着语音提示做一些暗示控制放松，让所有的紧张感从你的身体中排出。

4. 将你的焦虑可视化

专注地想象从你的焦虑等级中选出的第一个（最容易的）

项目，感受这种情况一次又一次地发生。专注于那种情况下最糟糕的结果，把注意力集中在图像、声音、味道、气味和触感上，就好像这件事真的发生在你身上一样。使用所有感官会使你的场景更加生动。不要像看电影一样站在外面看。相反，想象你是一个积极的参与者，积极参与在行动之中。

尽量不要想象任何其他的场景。坚持最坏的可能结果。不要让自己走神，不要让自己分心。这样做25分钟。设置一个计时器来记录时间。不要早早停下来，即使你很焦虑，或者很无聊。

瑞秋想象着接到姐姐玛丽的电话。她想象听到玛丽的来电铃声，看到自己的手伸过去，触摸到光滑的手机，把它放在耳边。她姐姐的声音说："嗨，陌生人。"就在这时，瑞秋惊恐地意识到，玛丽的生日是上周，而她却忘记了。她把注意力集中在羞耻和尴尬上，想象着玛丽讽刺地说："所以，你一直很忙，还是你不再爱我了？"瑞秋花了25分钟想象这个结果，把场景重新过了一遍，增加了丰富的细节。在时间结束之前，不要想象其他场景。

如果你尝试了这种方法，发现你的焦虑程度很低，远不及你在"真正的"担忧过程中感受到的水平，那么你可能在创造足够生动的情境时遇到了麻烦。试着调动其他感官。大多数人用视觉图像进行想象，但有些人用声音、纹理或气味进行想象。

例如，约翰在一场车祸的视觉图像中无法感受到真正的焦虑。然后他切换到其他感官，想象刺耳的轮胎声、金属破碎声、玻璃破碎声和汽笛声。他想象着沥青和碎玻璃的质感，以及泄漏的汽油、鲜血和烟雾的味道。这些感官图像效果非常好，他给自己的焦虑打了95分（满分100分）。

5. 评估你的焦虑高峰

在你想象的时候，评估你的最高焦虑程度。你甚至不用睁开眼睛就能在一张纸上记下数字。0分表示没有焦虑，100分表示你经历过的最严重的焦虑。瑞秋在开始5分钟后就给自己打了70分。但在后面的场景中，她真正地感受到害怕，她把评分提高到了90分。

6. 想象替代方案

在用25分钟想象最坏的可能后果之后，让自己想象其他压力更小的后果。不要太早开始,一旦你开始了,就花5分钟想象一个没有像最坏的情况那样糟糕的结果。

在经历了羞愧和恐惧之后,瑞秋想象着是她发起了这个电话,而她在姐姐生日的第二天就打了电话。她想象着向姐姐道歉,告诉姐姐自己给她邮寄了一份迟来的礼物。

7. 重新评估你的焦虑程度

花5分钟想象不同的结果后,再次评估你的焦虑程度。它可能会明显低于你之前的评分。瑞秋给最后一幕场景的评分是30分。

8. 重复步骤4到步骤7

继续处理同样的担忧,重复步骤4到步骤7,直到当你想象最坏的结果时,你的焦虑顶峰值是25或更少。

然后对等级表的下一个担忧执行相同的步骤,每天至少做一次。如果你有时间并且能忍受,你可以一天做几次。当你按照你的等级表进行时,你应该会发现你的焦虑大大减少了。

瑞秋花了4周的时间来梳理她的暴露等级表,平均每天一个半疗程。在那段时间里，她的担忧少了很多。每当她开始焦虑的时候，她就告诉自己，她可以把焦虑推迟到下一次暴露疗法时。即使在她停止了定期的暴露疗法后，瑞秋还是发现她对犯错和忘记事情的恐惧大大减少了。当她开始担心，想起自己的暴露过程时，她想："我已经担心过了。"这样她通常能够很快停止担忧，或者至少转向对不同结果的更平衡的评估。

忧虑行为预防

你可能习惯性地通过某些行为或回避某些行为来防止不好的事情发生。例如，皮特从不读讣告，也从不开车经过墓地，他觉得他的回避会让他所爱的人免于死亡。他母亲每次许愿时总是敲木头。

然而，这种仪式性或预防性行为实际上会使忧虑持续下去，并不利于阻止坏事的发生。对皮特来说，主动回避讣告和墓地只会让他更频繁地担心死亡，他理智地知道，这种回避实际上并不能让人免于死亡。

好消息是，停止这些行为是一个相对简单的过程，只需要 5 个简单的步骤：

1.记录你的忧虑行为

2.选择最容易停止的行为，并预测停止它的后果

3.停止该行为，或者用新的行为代替它

4.评估前后焦虑程度的变化

5.选择下一个最容易停止的行为，重复步骤2到4

1. 记录你的忧虑行为

在你的日记里，写下你为了防止担心的事情发生要做或避免做的事情。

这是卡莉的一个例子，她非常担心他人不认可自己。她难以忍受别人认为自己不礼貌，不是个好女主人，或者没有尽到自己的一份力。她确定了3种忧虑行为：

• 太早去赴约或参加聚会，然后开车在街区转上20分钟，直到该进去的时候

• 带一道主菜、一份沙拉和一份甜点去聚餐，而不是像计划的那样只带一道菜

• 为聚会做了过多的食物

2. 确定后果

选择最容易停止的忧虑行为并把它写下来，然后写下预测的后果。

卡莉选择的是为聚会做了过多的食物。她的预测很简单："聚会进行到一半时，我们的食物就吃完了。"

3. 停止或替换你的行为

这是最难的部分。为了验证你的预测是否会成真，你必须像一个优秀的科学家一样实际进行实验。下次你开始担心的时候，要下定决心避免这种行为。

卡莉下定决心不为儿子的生日聚会做过多的食物。不幸的是，她不能完全停止忧虑的行为——她必须做一些食物。她仔细计算出参加聚会的客人平均吃多少食物，有多少客人要来，然后根据这些计算准备足够的食物。每次她想要蒙混过关，加一点东西时，她都会忍住。

如果你的忧虑行为是一种逃避，比如不开车经过墓地或从不读讣告，你需要采取不同的方法：你必须开始做你一直在避免的事情。下定决心每天早上开车去上班的路上经过墓地，或者在早上喝咖啡的时候读一下讣告。

有时候，即使是看似最容易停止的行为也不那么容易。在这种情况下，创建一个替代行为的等级表，允许自己逐渐减少你的忧虑行为。

斯坦是一个有完美主义的法律秘书，他担心在高级合伙人的合同和简报上犯错误。他会把一份重要的简报带回家，花上几个小时的时间反复校对，为可能出现的错字苦恼，修改字号和字体，直到深夜。每当他作了最细微的修改，他也会把整个文件再检查一遍。

一想到拼写检查和校对可以只做一次，就宣布一份简报的完成，斯坦简直无法想象。因此，他制作了这个等级表，并决定从当天清单上的第一个（最容易的）项目开始。

- 把简报带回家，再检查三次
- 把简报带回家，再检查两次
- 把简报带回家，再检查一次
- 加班一个小时，把简报留在公司，没有额外的检查
- 把简报留在公司，并准时回家，没有额外的检查

• 在简报中故意留下一个标点错误

• 在简报中故意留下一个语法错误

• 在简报中故意留下一个拼写错误

斯坦完成了这个层级的每一步。对于每一个，他都预测了可怕的后果，并经历了高度焦虑。然而，在每一步中，这些后果都没有发生，所以他获得了下一步的信心。

你会注意到最后三个步骤涉及故意犯错误。这是一个很好的策略，可以消除为防止错误而形成的检查行为。斯坦发现犯些小错误不会导致公司输掉案子，也不会让他被解雇，甚至没有人注意到这些错误。他最终能够消除其他检查行为，并将他的完美主义降低到他所谓的"高但不僵化的标准"。

4. 评估前后焦虑程度的变化

当你想表现出你以前的行为，但知道你不会这样做时，你有多焦虑？用0-100分给你的焦虑程度打分，0表示没有焦虑。

然后用同样的评分标准评估你在做出新的行为或改掉旧的行为后的焦虑程度。你的焦虑减轻了吗？

卡莉是一个习惯为客人准备太多食物的女人，她在儿子的生日派对前给自己的焦虑打了整整100分。她很高兴地发现，到晚会结束时，人数已经减少到25人，当时还剩下一点食物，晚会很成功。

还要确保观察实际后果。你的行为改变后到底发生了什么？你可怕的预言成真了吗？

在卡莉的案例中，她的预测没有实现，客人没有在聚会进行到一半时就吃完食物。她对自己参加社交活动的能力更有信心了，而不会有过多的忧虑和预防行为。

5. 选择下一个最容易停止的行为

从你最初的列表中，选择下一个最容易停止的担忧行为，然后重复步骤2到步骤4：预测停止这种行为的后果。然后停止它，如果合适的话，用一种新的行为代替它。最后，评估你在实验前后的焦虑程度。

案例：朗达

朗达在控制忧虑方面的经验表明，这四个步骤是如何结合在一起的。她长期担心被男友、老板、父母和完全陌生的人拒绝。她避免结识新朋友，因为害怕他们会拒绝她。她不断和男友乔希联系，确保他还爱她。她会对他说："我爱你。"他不得不回应："我也爱你。"有些晚上，她会这样做五六次，直到乔希开始生气，抱怨她的需求。

朗达学会了渐进式肌肉放松，每天晚饭后或睡觉前都要做。她还掌握了暗示控制放松，并设置了手表闹钟，这样她就会记得每3个小时停下来，深呼吸，放松一下。这有助于降低她持续的唤醒水平，这样她脑海中长期存在的忧虑就不会在一天中积累得那么多。

朗达一边学习放松技巧，一边做她的"风险评估工作表"。当她评估乔希抛弃她的风险时，她意识到两件事：第一，他抛弃她的可能性非常小；第二，如果他真的抛弃了她，她可以挺过被拒绝的痛苦，应对孤独。她看到持续的高估风险和灾难化如何助长了自己的担忧，这非常有趣，也很有教育意义。

接下来，朗达在用暴露疗法治疗忧虑的过程中制作了一个被拒绝经历的等级表。她从一次较轻的被拒绝经历开始，当时她被一名公交车司机要求站到车厢的后面。在进行了两次治疗后，那些场景只引起了轻微的焦虑，于是她继续。她的老板要求她重做马虎的工作；她的妈妈拒绝了她关于家庭聚会的想法；最后，乔希说他想分手。

她将控制忧虑的治疗归纳为两种忧虑行为预防。她每天早上在公共汽车上强迫自己对坐在她旁边的人说些什么，以此来避免对陌生人的回避。她了解到有些人有回应，有些人没有——而她面对这两种回应都顺利度过。为了改变自己对男友指指点点的行为，她决定一天只说两次"我爱你"。后来她把时间减少到一天一次。然后她每隔一天说一次。有趣的是，她对乔希说的"我爱你"越少，他对她说的次数就越多。

———

你需要花一到两周的时间来学习深呼吸、暗示控制放松和可视化放松技术。在此期间，你可以开始评估风险的过程。然后你就可以开始进行暴露疗法了。大概在第二次或第三次暴露时，你会发现自己有所改善。

忧虑预防只需要一两个小时就能付诸实践，它的好处很快就能感受到。总而言之，你可以在一个月左右看到进展。

第六章

活动起来

抑郁症的影响之一就是让人活动减少。你很难强迫自己去进行正常的自我照顾，快乐似乎从你的生活中消失了。活动减少不仅是抑郁症的症状，也是抑郁的原因。你做得越少，你就越沮丧，你越沮丧，你就做得越少。这是一种恶性循环，让你远离生活，更加抑郁。

解决办法是强迫自己进行更多的活动，即使你不喜欢。

活动计划

一种被称为"活动计划"的技术可以让你重新振作起来，对克服抑郁症有很大的帮助。

在这个技术中，你聚焦于在你的日程表中添加两种不同类型的活动：令人愉悦的活动，以及给你带来掌控感的活动。这些类别并不是相互排斥的，有些活动可能会同时给你带来愉悦感和掌控感。本章详细介绍了活动计划，并将帮助你学会该技术。以下是该过程的概述：

1.记录和评估活动

2.安排新活动

3.选择新活动

4.预测愉悦或掌控程度

5.将实际水平与预测的进行比较

1. 记录和评估活动

在网上下载"每周活动计划表"或者在日志中使用空白页。在接下来的一周，记录下你每小时的主要活动。如果你没有时间记录白天的活动，一定要在晚上之前记录下来。

表 4 每周活动计划表

	周一	周二	周三	周四	周五	周六	周日
6:00							
7:00							
8:00							
9:00							
10:00							
11:00							
12:00							
13:00							
14:00							
15:00							
16:00							

续表

	周一	周二	周三	周四	周五	周六	周日
17:00							
18:00							
19:00							
20:00							
21:00							
22:00							
23:00							
23:00−6:00							

© 2022 Matthew McKay, Martha Davis, Patrick Fanning / New Harbinger Publications.
读者可以复制此表格供个人使用。表源：http://www.newharbinger.com/48695.

以几种不同的方式使用这些记录信息：评估当前的哪些活动给你带来了愉悦感或掌控感；找到可以安排额外带来愉悦感或掌控感的活动的时间；建立一个活动基线，这样你就可以认识到自己的进步。在接下来的几周里，执行你的计划来让自己活动起来并帮助自己减轻抑郁。

在监控和记录第一周的活动时，要注意你体验的两个方面：愉悦感和掌控感。如果一项活动给你带来了任何快乐，在那个活动对应的方框里写上字母P（代表愉悦感），然后用1

（最小的快乐）到10（极度的快乐）来给这项活动的快乐程度打分。

同时也找出能够带来掌控感的活动，在这些活动中，你能够照顾自己或他人。一些你可能一直回避的任务，比如回信、给花园除草、准备一顿健康的饭或跑腿，都是带来掌控感的活动的好选择。（典型的能带来掌控感的活动在步骤3中。）如果某项活动让你有一种掌控感，在那个方框里写下字母M（代表掌控感），并根据你当时可能感到的疲倦或沮丧程度对你的掌控感进行评分。同样，我们可以使用从1（最小的掌控感）到10（极度的掌控感）的等级。

不要评价你客观地取得了多少成就，或者你认为如果不抑郁的话会取得什么成就。相反，你应该根据自己的感受来评估自己的掌控感，并结合这项活动的难度。

识别和评估带来愉悦感和掌控感的活动可以帮助你认识到你的生活是如何失去平衡的，你以前喜欢的许多事情不再是你每周生活的一部分，或者你目前的活动提供的情感营养很少。

愉悦程度评级还会让你发现你仍然喜欢的活动，以及哪些活动能最好地改善你的情绪。关注和评价带来掌控感的活动可以帮助你认识到，即使现状如此，你仍然在努力，你仍然在做一些事情来应对。即使你可能不像抑郁之前那么有效率，但考虑到你的感受，你所做到的事情都是真正的成就。

2. 安排新活动

第一周的活动完成记录后，尝试再安排一些额外的能带给你愉悦感和掌控感的活动。找到至少在10小时内既不能带来愉悦感也不能带来掌控感的活动，然后每天用一到两个小时来安排新的活动替代它们。

3. 选择新活动

第一周的活动评分分析，会为你安排新的有愉悦感和掌控感的活动提供有益的信息。你需要不断超越自己，坚持那些有益的活动，并不断尝试新的活动。下面我们会提供一个活动清单，你也可以从朋友或家人那里得到一些建议。

快乐的活动包括但不限于：

• 拜访朋友或家人

• 打电话

- 去看电影或戏剧

- 看视频或电视

- 运动

- 锻炼

- 玩游戏

- 上网冲浪

- 在网上聊天

- 听音乐

- 周末外出度假

- 计划假期

- 培养爱好

- 收集

- 做工艺品

- 享受阳光

- 喝一杯热饮放松一下

- 听有声书

- 冥想

- 步行或徒步旅行

- 购物

- 洗个热水澡

- 阅读

- 园艺

- 写作

- 出去吃饭

- 吃最喜欢的食物

- 被拥抱或抚摸

- 做按摩

- 开车兜风

- 去野餐

- 坐在一个安静的地方

- 写信

- 从事艺术追求

- 看或读新闻

在你的日记里，写下一些你认为会让你感到愉快的活动。回想一下这些年你喜欢的事情。试着回忆你做过的每一件有趣的事。检查这些清单并在这些一般活动类别中确定具体的新活动。

例如，你喜欢的游戏可能是台球或纸牌。在手工艺方面，你可能喜欢刺绣或制作模型飞机。艺术追求可能意味着会去画廊或写诗。当你打电话或拜访朋友时，你可能发现自己更喜欢和某些人在一起。现在就花点时间写下你喜欢的或者将来会喜欢的具体活动。

如果你现在很难做到这一点，不要感到惊讶。你过去喜欢的许多事情现在看起来都是一种麻烦或负担。这是受抑郁症的影响。当你开始在一周中加入更多令人愉快的活动时，你会感觉更好，即使这些活动现在看起来很无趣。现在，从你的清单中选择五到七项令人愉快的活动，把它们安排到下周。

你还需要添加新的能带来掌控感的活动。通常这些都是你可能忽略的日常活动。你可能需要购买杂货、跑腿、打扫或整理房子、写信或打重要电话。当你情绪低落、行动不便时，即使是这些正常的日常任务也会显得异常困难。

能带来掌控感的活动包括但不限于：

• 购物

• 去银行

- 陪孩子做家庭作业

- 陪孩子入睡

- 洗澡

- 准备一顿热饭

- 付账单

- 早上9点前起床

- 遛狗

- 修复东西

- 清洗东西

- 做菜

- 锻炼或做伸展运动

- 解决冲突

- 洗衣服

- 做园艺

- 跑腿

- 处理工作中的挑战性任务

- 叠好并放好衣服

- 解决问题

- 整理房子

• 装饰房子

• 做汽车保养

• 打商务电话

• 回电话

• 写日记

• 做自助练习

• 从事精神活动

• 梳妆

• 理发

• 穿衣打扮

• 写信

• 为孩子安排活动

• 从事艺术追求

• 开车送孩子去参加活动

• 去上班

看完清单后，列出你自己的具体活动清单，这些活动可能会给你一种掌控感或成就感。现在就花点时间，写下你可能会安排到每周的带来掌控感的活动。

现在，选择五到七项能带来掌控感的活动，在接下来的一周中分散进行，特别关注你可能一直回避的任务。如果你一直在推迟完成房间打扫，那就在你的每周活动计划中给自己安排一个时间来完成它。如果你一直在推迟更换驾照，写下你准备完成这项任务的确切时间。

然而，不要试图每天都做超过一项的掌控性活动，这可能会让你压力更大，让你感到不知所措。

从第一周开始，在你的每周活动计划中，寻找那些效率低，既没有让你感受到快乐也没有带来掌控感的时间。这部分时间可以是替换成某一项掌控性活动的理想时间，它可以给你带来成就感。

请注意，有些掌控性活动可能太复杂，无法在一个小时内完成，或者在一次性完成时让人感到压力。在这种情况下，你可以将活动分解成更小的步骤，可以在15分钟或更短的时间内完成。例如，改善客厅外观的计划可能涉及许多步骤，首先是决定购买并悬挂一张新海报。一些掌控性活动可能会持续两周或更长时间，你只需要逐步完成。

我们鼓励你对带来愉悦感的活动和带来掌控感的活动一样重视。在你的一周中增加愉快的经历，是克服抑郁和让你的生活回到平衡的重要一步。

4. 预测愉悦或掌控程度

　　计划新活动的一个重要部分是试着预测它们会给你带来什么感觉。你已经为接下来的一周填写了一个新的每周活动计划，现在花点时间来预测你会从每个活动中获得多少愉悦感或掌控感。对于愉悦活动使用相同的P1到P10，对于掌控性活动使用相同的M1到M10，其中10表示极度快乐或精通，然后圈出您的评级。

　　大多数抑郁的人对他们在计划好的活动中能感受到的快乐或成就的程度作出了非常保守的预测。没有希望也没关系。你可能很少期望从你计划好的活动中得到好的感觉。但无论如何还是要做，并评估会发生什么。

5. 将实际水平与预测的进行比较

　　在一周内，在你圈出的预测旁边写下你对每项新活动的实际愉悦度或掌控程度。你可能会发现你的实际评分高于你的预测。因为抑郁倾向于让你悲观。将你的预测与你所经历的快乐或掌控的实际水平进行比较，可能会帮助你认识到抑郁是如何扭曲你对事物的看法的。事实上，你的新活动比你预期的更令人愉快、更有成就感，这可以帮助你抵制内心那种令人沮丧的声音："不应为任何新事物花时间；这样做耗时耗力，而且你还是会觉得很糟糕。"

其他建议

有些人觉得他们一周内没有时间做任何新的事情。因为每周活动计划是克服抑郁症的关键干预措施，你可能需要限制或暂停一些目前的日常活动，这样你就可以体验到更多的愉悦感和掌控感。浏览你的第一个"每周活动计划表"，划掉任何非必要的活动。在这些时间里，你可以用新的带来愉悦感和掌控感的活动来代替。

在增加新的活动四五周后，你可能会发现你的日子变得相当充实。在这一点上，一定的调整可能是为了减少一些作用较少的新活动。在这个阶段，你也可以减少每周增加的新活动的数量，但是仍然要继续做每周活动计划。把活动写下来会增加你去做的概率。继续在你的"每周活动计划表"中填写计划带来愉悦感和掌控感的活动，直到你感到你的抑郁程度有了明显的改善。

ー

这个过程的第一步是监测和记录你一周的活动。在那之后，你将花4到8周的时间来安排并逐渐增加特定类型的活动。一旦你开始参与这些新的活动计划，你会开始看到一些改善。

结 尾

    本书中的每一种技巧都旨在改变你对事物的习惯性反应。然而，旧有的反应方式已经伴随你很长时间了。它们习以为常，因此很难改变。旧习惯难以舍弃，即使它们明显会给你带来痛苦。

    认知行为疗法不像传统精神分析那样是一种"谈话疗法"。在认知行为疗法中，改变不会从分析、谈话、沉思或仅阅读你的问题而获得的阐释中产生。改变的发生是因为你做了一些事情。你需要勤奋地练习这本书里的各种技术。这里有一些策略可以帮助你克服一路走来遇到的常见困难。

增强你的想象力

    一个常见的困难是缺乏训练的想象力。为了增强你的想象力，可以重读第四章的"可视化技术"部分。

培养信念

另一个主要困难是不相信某种技术或练习会奏效。不相信是一个认知问题。你反复对自己说一些令人沮丧的话，比如"我永远不会好起来的""这是没用的""这些事情对我没有帮助""我太笨了"或"必须有人告诉我该怎么做"。

这本书的一个基本原则是，你相信对自己重复的话。如果你经常说消极的话，你就会以这样的方式来实现它。

除非你拥有这本书能帮助你的信念，否则这本书将毫无价值。为了解决这个问题，你要在一段特定的时间内（两周，一周，甚至一天）集中精力，然后评估问题的任何变化。如果你已经取得了一点进步，如果症状不那么痛苦或不那么频繁了，就再坚持一段时间。

选择无聊

这些技巧中有很多都很无聊，但它们是有效的。练习它们变成了一种"交易"：坚持偶尔几周的无聊，以换取多年不受症状的困扰。当你每天做这些练习时，你可能必须作出这样的选择。

做一个积极的创造者

对新奇事物的恐惧是成功治疗的一大障碍。当你意识到你有能力改变你的想法，从而改变你的感受时，你的世界观就会改变。

当你放弃了一种症状后，你的生活就会改变。许多人宁愿坚持熟悉但痛苦的症状，也不愿适应没有它的新生活。你不能再把自己看作是命运好坏的无助接受者，你是自己经历的积极创造者。

调整方向

让人听从新的指导可能会引发焦虑，这些指导可能不太适合你的需要。它们可能过于细致、烦琐或死板，也可能不够详细。无论哪种方式，请记住，这本书旨在提供一个大概模板，调整它们以适应你的个人需求。

安排优先级

糟糕的时间管理是成功的主要障碍。那些只学了一半就放弃的人通常会解释说，他们的日程安排得太满了，没有时间使用这项技术。其实这只是优先级的问题，因为其他事情的优先级更高。下班后喝酒、办事、煲电话粥、看电视或上网都排在第一位。你需要用这本书来安排你的工作，就像你安排一天中其他重要的部分一样。写下时间和地点，信守承诺，就像和朋友约会一样。

持续使用技术

另一个经常被忽视的问题是，成功来得太快。在这种情况下，你可能就会认为："这很容易克服。也许这根本就不是问题。我再也不用担心这个了。"这有一些危险，以这种方式小看症状的严重性为失败埋下了种子。症状可能会在你的行为模式中逐渐重现，也许你没有立即意识到。为了避免这种情况，在症状消失后的一段时间内，继续使用您在本书中学到的技术。如果症状再次出现，请立即重新阅读相关章节。

如果你发现自己不去练习，或者只是敷衍了事，那就问问自己这些问题：

- 我为什么要做这些练习？

- 它们对我真的很重要吗？

- 我在做什么，或者我想做什么来代替这些练习？

- 替代活动对我来说比做练习更重要吗？

- 我能否安排好我的生活，这样我就可以同时做这两件事？

- 如果我现在不做练习，我下次做的确切时间和地点是什么？

- 如果我的练习成功了，我必须放弃什么？

- 如果我的练习成功了，我将不得不面对什么？

坚持，不要放弃。你通过改变自己的想法和感受来治愈自己，这种能力是一种巨大的力量。你可以改变你的想法，从而改变你的感受。

你可以通过改变你的思想结构来改变你的生活结构。

你可以消除你的痛苦。

参考文献

你也可以利用以下这些有用的资源。

Activating Happiness, Rachel Hershenberg, 2017.

The Anxiety and Phobia Workbook, Edmund J. Bourne, 2020 （7th edition）.

Anxiety Happens, John P. Forsyth and Georg H. Eifert, 2018.

The Anxious Thoughts Workbook, David A. Clark, 2018.

The Cognitive Behavioral Workbook for Anxiety, William J. Knaus, 2014 （2nd edition）.

The Cognitive Behavioral Workbook for Depression, William J. Knaus and Albert Ellis, 2012 （2nd edition）.

The Mindfulness and Acceptance Workbook for Anxiety, John P. Forsyth and Georg H. Eifert, 2016 （2nd edition）.

The Mindfulness and Acceptance Workbook for Depression, Kirk D. Strosahl and Patricia J.Robinson, 2017 （2nd edition）.

Needing to Know for Sure, Martin N. Seif and Sally M. Winston, 2019.

The Negative Thoughts Workbook, David A. Clark, 2020.

Perfectly Hidden Depression, Margaret Robinson Rutherford, 2019.

The Relaxation and Stress Reduction Workbook, Martha Davis, Elizabeth Robbins Eshelman, and Matthew McKay, 2019 （7th edition）.

Thoughts and Feelings, Matthew McKay, Martha Davis, and Patrick Fanning, 2021 （5th edition）.

The Upward Spiral, Alex Korb, 2015.

The Upward Spiral Workbook, Alex Korb, 2019.

The Upward Spiral Card Deck, Alex Korb, 2020.

图书在版编目（CIP）数据

快速改善情绪的6个技巧/(美)马修·麦克凯
(Matthew Mckay)，(美)玛撒·戴维斯(Martha Davis)，
(美)帕特里克·范宁(Patrick Fanning)著；高晶，
冯荟旭译．--重庆：重庆大学出版社，2024.9.
(鹿鸣心理·心理自助系列)．--ISBN 978-7-5689
-4694-0

Ⅰ．B842.6-49
中国国家版本馆 CIP 数据核字第 2024X31N64 号

快速改善情绪的6个技巧

KUAISU GAISHAN QINGXU DE 6 GE JIQIAO

［美］马修·麦克凯（Matthew Mckay）
［美］玛撒·戴维斯（Martha Davis）　　　著
［美］帕特里克·范宁（Patrick Fanning）
高　晶　冯荟旭　译

鹿鸣心理策划人：王　斌
策划编辑：敬　京
责任编辑：敬　京　　版式设计：敬　京
责任校对：邹　忌　责任印制：赵　晟
*
重庆大学出版社出版发行
出版人：陈晓阳
社址：重庆市沙坪坝区大学城西路 21 号
邮编：401331
电话：(023)88617190　88617185(中小学)
传真：(023)88617186　88617166
网址：http://www.cqup.com.cn
邮箱：fxk@cqup.com.cn(营销中心)
全国新华书店经销
重庆市正前方彩色印刷有限公司印刷
*
开本：890mm×1240mm　1/32　印张：4　字数：74 千
2024 年 9 月第 1 版　　2024 年 9 月第 1 次印刷
ISBN 978-7-5689-4694-0　定价：39.00 元

版贸核渝字(2022)第 180 号